吉林财经大学资助出版图书

知识重构模型扩展与业务流程抽象研究

王 楠 著

科学出版社

北　京

内 容 简 介

本书第 1~3 章介绍知识重构与抽象模型框架以及作者对其进行的改进，并引入业务流程模型及业务流程模型抽象的相关概念；第 4~6 章首先提出了智能世界的可区分的知识重构与抽象模型，并对模型构建过程进行形式化，然后介绍多域的业务流程一般抽象模型，引入目标知识构建基于目标的业务流程抽象模型，最后引入半监督聚类技术和模糊聚类技术，自动生成不同粒度的流程模型，实现对流程的快速理解，同时提出了求解最佳子流程数的算法。

本书对从事物理系统和业务流程领域建模与抽象方法研究的人员具有重要的参考价值，也可以作为人工智能其他相关应用领域建模与抽象阶段研究的参考资料，如基于模型的诊断、自动推理等。

图书在版编目（CIP）数据

知识重构模型扩展与业务流程抽象研究/王楠著. —北京：科学出版社，2017.7

ISBN 978-7-03-053940-3

Ⅰ.①知… Ⅱ.①王… Ⅲ.①人工智能-研究 Ⅳ.①TP18

中国版本图书馆 CIP 数据核字（2017）第 156740 号

责任编辑：任彦斌 张 震/责任校对：彭珍珍
责任印制：吴兆东/封面设计：无极书装

科 学 出 版 社 出版
北京东黄城根北街 16 号
邮政编码：100717
http://www.sciencep.com

北京中石油彩色印刷有限责任公司 印刷

科学出版社发行 各地新华书店经销

*

2017 年 7 月第 一 版 开本：B5（720 × 1000）
2018 年 1 月第二次印刷 印张：11 1/2
字数：231 000

定价：79.00 元
（如有印装质量问题，我社负责调换）

作 者 简 介

王楠，女，1980 年生，博士，吉林财经大学副教授。主要研究方向：抽象的一般理论、业务流程建模与抽象、物理系统建模与抽象、基于模型的诊断、自动推理等。作者于 2012 年 7 月获批国家留学基金管理委员会的公派访问学者项目，并于 2013 年 3 月～2014 年 3 月在澳大利亚麦考瑞大学计算学院的业务流程建模研究组进行访学，与该领域的著名学者 J. Yang 教授共同合作研究关于业务流程建模与抽象方面的理论与技术，同时参与了该研究组与悉尼西门子公司关于业务流程方面的合作项目。

作者近期在相关领域公开发表论文 30 余篇，其中包括国内计算机权威期刊论文 2 篇、SCI 论文 2 篇、EI 检索论文 14 篇，主编教材 1 部。其系列论文的研究成果于 2012 年获得吉林省自然科学学术成果奖二等奖。同时，作者获得了"吉林省高校科研春苗人才"和吉林财经大学"青年学俊"荣誉称号并受到资助。

作者作为负责人主持并完成了吉林省科技发展计划项目 1 项、吉林大学符号计算与知识工程教育部重点实验室开放项目 1 项、吉林省教育厅科学技术研究项目 2 项、物流产业经济与智能物流吉林省高校重点实验室开放基金 1 项；作为第一参加人参加国家自然科学基金项目 1 项、作为第六参加人参加并完成了国家自然科学基金项目 1 项。同时，参与并完成了科技厅和教育厅的其他省级项目 11 项。

前　　言

　　本书是一部基于作者多年研究经历，包括在物理世界一般模型框架、基于模型的诊断与自动推理、业务流程建模与抽象等领域的研究工作，将多领域内容融合扩展，最终形成的具有完整体系结构的著作。在学术思想上，一方面对较新的物联网技术带来的物理世界实体属性改变进行分析，进而扩展物理世界的一般模型框架；另一方面将物理系统的建模与抽象框架应用到业务流程建模领域，同时，将半监督聚类技术与模糊聚类技术引入业务流程抽象，提出了较为新颖的研究方法。本书研究的内容涵盖了建模与抽象以及自动推理、数据挖掘、业务流程模型抽象等领域，除了构建相应的理论体系、进行论证分析外，还引入了实际应用的数据，包括实验测试与结果分析。本书具有很强的理论研究价值和实际应用价值。

　　知识重构与抽象模型框架作用于静态物理系统，物联网技术对静态物理系统中包含的对象进行网络化或智能化改变，使得静态物理世界转化为"智能世界"。本书针对智能世界的实体特征对知识重构与抽象模型框架进行扩展，提出了可区分的知识重构与抽象模型，在该模型框架下对智能世界进行故障诊断，通过诊断空间重定位实现诊断效率的提高。同时，本书将知识重构与抽象模型框架引入业务流程建模与抽象的研究，将业务流程看成一种特殊的物理流系统，将业务流程中的行为看作物理系统中的实体，对业务流程一般建模框架进行探索研究，对融合物理系统与业务流程建模知识的研究起到了一定的先导作用。在业务流程模型的使用过程中，流程模型的复杂程度越来越高，组成流程模型的（行为）个数越来越多，且细节非常详尽，妨碍了对流程的快速理解。因此，本书进一步对业务流程模型的自动抽象方法进行了研究，定义了抽象算子，基于流程的结构信息对流程进行化简。同时，为了生成具有完整业务意义的子流程，保证业务语义上的完整性和有效性，本书引入半监督聚类技术和模糊聚类技术，结合流程结构与行为语义信息，对业务流程模型抽象领域中存在的若干问题进行了较为深入的探索，属于该研究领域较为前沿的研究内容。

　　由于时间仓促，水平有限，书中内容难免有不妥之处，敬请专家、读者批评指正。

作　者

2017 年 2 月

目　　录

第1章 绪 论

本章重点向读者介绍本书内容。首先，对本书的研究问题进行简要的总结，以便读者能够对书中研究内容有初步的了解；然后，介绍作者在书中各个研究环节中的工作；最后，给出本书的章节安排，以便读者对书中的内容和逻辑有整体的了解。

1.1 研究问题概述

本书基于作者近年来的研究成果，重点研究以下问题。

1. 知识重构与抽象模型框架在智能世界的扩展研究

统一的抽象建模框架以及形式化表示可以帮助实现自动推理，很多学者对人工智能领域内的抽象概念进行了大量的研究，如问题求解[1]、问题重构[2]、机器学习[3]、基于模型的诊断[4]等。Saitta 等[5]提出了表示改变的模型，既包含了语法重构过程，也包含了抽象过程，该模型被称为知识重构与抽象（knowledge reformulation and abstraction，KRA）模型，其设计被用来帮助问题的概念化以及抽象算子的自动应用。本书作者对该模型框架进行了进一步的扩展，详见文献[6]～[8]。文献[9]基于 KRA 模型提出了域概念模型，显示了模型结构的变化对系统与子系统上下文语义模型中因此而产生的互通性的影响。KRA 模型只考虑静态的、一般的世界，并且给出了实现推理过程的统一模型框架的构建。但是正如人们所知，物联网技术的发展给物理世界带来了很大的改变，一些物理对象添加了处理器、传感器和发射器等电子设备而转化为网络化对象（networked objects）或者智能对象（smart objects）[10]。传感器可以感知世界的物理特性，执行器可以以某种方式影响物理世界[11]。这些电子设备的嵌入使得智能对象与传统对象相比，呈现出非常不同的行为表现，它们都是可计算的并且可以连接到网络中。因此，在未来，物理世界和虚拟世界将会相互整合、交互操作[12]，从这一点看，浏览现实世界即相当于浏览 Web[13]。目前已经开发了很多处理终端用户需求（如安全、存储、娱乐等）以及使用不同策略（如中央网络、与设备无关的应用程序开发工具等）的框架和中间件[14]。本书中将包含大量智能对象的特殊的物理世界称为"智能世界"。对物联网技术带来的智能世界，很多学者只是从某些层次上对其抽象表示进行了探索性研究，如 Bodhuin 等在 2006 年定义了一种更抽象的方式表示物理世界，简化其与虚拟世界之间的连接[15]。但是还没有对物联网环境下的智能物理世界的一般抽象模型构建理论以及自动推理进行深入研究。

本书基于 KRA 模型框架提出了可区分的 KRA 模型，在该模型框架内通过三个子模型以及它们之间的关系形式化地表示智能世界。本书给出了相关定理，说明当故障发生时，该模型框架能够自动确定故障所在的某个或某些子模型，因此，只需要在智能世界的统一模型（如 KRA 模型）中的部分环节调用诊断算法。本书还给出了基于智能世界可区分的 KRA 模型的诊断算法描述，同时给出了实验结果，表明其对直接基于 KRA 模型的诊断过程的改进。

2. 基于 KRA 模型框架的业务流程建模与抽象研究

在过去的几十年里，企业发现自己在动荡的市场中竞争激烈，小型和中型公司受到很大的威胁，而后者不得不应对竞争对手的颠覆性技术开发[16]。为了在这种恶劣的环境中生存，企业需要寻求各种手段来区分自己与竞争对手。企业培育、维护和发展自己不易模仿的核心竞争力，并且应用到许多产品和市场。业务流程是一个公司核心竞争力的生动例子[17-20]。根据文献[17]，一个业务流程是："一个结构化的、可测量的活动集合，旨在为特定的客户或市场产生一个特定的输出。它着重强调在一个组织内工作如何完成，而产品则侧重于完成什么。因此，一个流程是工作行为跨越时间和空间的一个特定顺序，有一个开始和一个结束，以及明确定义的输入和输出：一个行动的结构。"

业务流程已经在经济学领域被学者和专家研究了几百年，例如，Smith[21]的基本研究中讨论劳动分工时就曾提及过别针生产的业务流程问题。但是，直到最近几年，企业才意识到业务流程作为一个企业的核心竞争力的重要性。Davenport[17]以及 Hammer 和 Champy[18]的很多工作将注意力集中在把业务流程作为有价值的人工产品。这个新的视角催生出了一个新的管理方法——业务流程管理（business process management，BPM）。业务流程管理侧重于设计、制定、管理、分析、适应和挖掘业务流程[22]。基本上，上述任务中的每一个都意味着业务流程描述是有效的，或者由任务创建业务流程描述。而在某些情况下，流程的文字描述就足够了，形式化的业务流程模型则在工业界和学术界广泛使用。根据文献[23]，假设："业务流程模型由行为模型集合和它们之间的执行约束构成。一个业务流程实例表示一个公司业务中的具体案例，由行为实例组成。每个业务流程模型都作为业务流程实例集合的蓝图，每个行为模型都作为行为实例集合的蓝图。"

形式化的模型优点是它们的低模糊性和对模型验证方法及软件应用的较宽的选择范围[24]。虽然流程模型的使用对 BPM 的实践者和研究者有明显的优势，但是仍然没有一个通用的业务流程建模语言。一大类建模语言将业务流程形式化为图。

图节点表示行为、事件和选择，边则反映了顺序约束。这类语言包括 ADEPT[25, 26]、BPMN（business process model and notation）[27]、EPCs（event-driven process chains）[28]、Petri 网[29, 30]、UML 活动图[31]、流程网[32, 33]、YAWL（yet another workflow language）[34]。这些语言从不同的角度对实际的业务过程给予描述，包括功能方面、行为方面、信息方面、操作方面和组织/资源方面。

本书对于业务流程建模的研究不考虑具体的流程设计语言，而以设计统一框架实现各种流程模型的形式化，并构建为一个研究目标，将业务流程看成一种特殊的物理流系统，在物理系统建模与抽象的一般框架，即第 2 章介绍的知识重构与抽象模型框架下，自动生成流程模型，并应用抽象算子实现模型的分层抽象。

3. 基于聚类分析技术的业务流程模型抽象研究

流程模型可以简化很多任务，如配置流程软件系统[35, 36]、培训新员工、识别绩效改进机遇[18]、调整业务操作中利益相关者的冲突意见、展示一个组织对外部法规的遵守情况[37]等。显然，各种建模目标要求流程建模者只关注与手边任务相关的业务流程部分。根据这种要求，企业设计新的流程，其中每一个新流程都支持一个特定的业务任务，因此导致了需要维护的模型数量的激增。后果是，各个组织都面临着包含成百上千模型的大型流程库。这些流程之间有着错综复杂的关联关系：它们之间重叠，描述相互包含的流程，从不同角度或从不同的精度描述同一个流程。显然地，这样一个模型集合的拥有者必定要求有足够的方法处理这些过多的模型及它们之间的关系。BPM 组织给出了一些管理大型业务流程模型集合复杂性的方法，如高效处理流程模型多样性的方法[38-42]和搜索符合特定配置的流程模型的方法[43-47]。

本书研究从不同量的细节描述一个业务流程的流程模型。随着现代企业越来越多地使用业务流程及运作过程的模型，流程及其模型的复杂性也越来越高，庞大的模型给读者呈现了非常详尽的细节，妨碍了对流程的快速理解。因此，企业需要使用流程规范来支持它的管理，设计者则需要提供这个业务流程的另一个简化模型，如文献[48]中的 AOK 公司便提出了此类需求。按照既定的业务流程建模指南，这种模型应该限制在大约 50 个组成元素[49, 50]。显然，这样两个模型增加了维护成本，并且面临着模型一致性问题，一旦一个业务流程改变，它的所有模型必须相应地更新。在已经存在这样一个细节模型的前提下，企业要求从该模型生成一个抽象的流程模型以降低模型管理负担。该简化模型除了在结构上，行为及其之间的顺序关系与初始细节模型具有相应的对应关系外，还应保证业务语义上的完整性和有效性。

在本书引入的 KRA 模型框架中，应用抽象算子的流程模型分层抽象结果主要以行为的结构流为基础，并没有考虑流程行为的业务语义。而"生成业务流程的简化视图以加快对流程的理解"正是业务流程模型抽象研究中最显著、最前沿的应用目标[51, 52]。本书的另一个研究目标：利用聚类技术自动生成流程细节模型的有业务意义的抽象简化模型。

1.2　本书研究成果

本书的研究内容主要来自于作者三个不同研究阶段的成果：第一阶段，在智能世界中进一步扩展 KRA 模型框架，简化智能世界的自动推理过程；第二阶段，将人工智能领域中物理系统的知识重构与抽象模型框架引入业务流程建模与抽象过程，在该框架下实现流程模型的自动构建与抽象，同时进一步提出基于目标知识的业务流程概念模型构建方法；第三阶段，结合流程结构与行为语义知识，利用聚类技术对复杂流程进行行为抽象，生成不同粒度层的简化模型。

对于第一阶段研究，主要有以下几方面成果。

（1）提出可区分的知识重构与抽象模型。根据物联网带来的智能世界的特征，在知识重构与抽象模型（KRA 模型）的统一建模框架基础上，提出了可区分的知识重构与抽象模型（distinguishable KRA model，dKRA 模型）。该模型通过三个相互关联的子模型及其之间的关系来表示智能世界，并给出相关定义和定理说明在所提出的模型框架内，可以将基于模型的诊断过程限制在一个（或多个）子模型中。

（2）形式化智能环境下的物理世界建模过程。在提出的可区分的知识重构与抽象模型框架下，对智能世界的建模过程进行形式化，将 KRA 模型框架的感知过程扩展为初步感知和感知重构两步，使其能够表示并区分所提出的智能环境下物理世界的不同属性域的实体，得到智能环境下物理世界的层次模型。

（3）基于广义知识重构与抽象模型（G-KRA 模型）框架的智能世界建模。对表示静态物理世界一般抽象模型的 G-KRA 模型进行扩展，使其能够刻画所定义的智能世界。定义迭代的初步感知过程，在一定的前提假设下根据智能世界构成实体的特征，得到智能世界构成实体的可区分的初步感知。在抽象感知过程中，建立三个子世界的可区分实体与连接库，并生成三个子世界的网络化连接。同时，可以通过统一构建抽象对象库或者为三个子世界分别构建抽象对象库来实现智能世界的抽象感知过程。扩展后的 G-KRA 模型充分地考虑了不同类型实体的行为和连接特征，每个子世界由具有相同行为类型的实体和相同类型的连接构成，可以将推理问题定位在某个（些）子世界的模型中，从而缩小推理空间。

对于第二阶段研究，主要有以下几方面成果。

（1）提出基于"感知-抽象"的业务流程建模。提出了一个业务流程抽象建模过程的形式化新方法，该方法是一个基于"感知-抽象"的迭代学习过程。通过生成业务流程实例感知集合定义了初始流程感知来感知特定领域的具体流程，这些流程实例感知是由构建初始行为感知类（initial activity perception class，IAPC）的过程推理得到。对于 IAPC 中具有相同行为类型的流程实例感知，本书给出了流程抽象感知将它们聚合成三个抽象类，并且生成了抽象行为感知类（abstract activity perception class，AAPC）和抽象行为关系类（abstract activity relation class，AARC），形式化定义了流程抽象模型，并且描述了基于 AAPC 和 AARC 的流程抽象模型的自动构建过程。

（2）提出多域的业务流程抽象建模。在流程建模过程中引入域的概念，给出多域流程抽象建模过程。将流程中的执行步看成多重域任务，即它们能够在不同的流程中扮演不同的角色。通过感知那些工作在多重域上的任务，形式化地定义了多重域任务，并且通过这些多重域任务构建了不同流程之间的多重域关系，因此，建立了多域流程感知。多域流程模型比单一域流程模型表现出了更多的推理角度，从而拓宽了推理范围，简化了推理操作。

（3）提出基于目标的业务流程模型建模与抽象。人类的行为主要由目标驱动，企业的业务流程应该尽量多地包含那些为用户创造价值的行为，而行为则应该为业务流程目标服务。本书进一步提出基于目标的业务流程概念模型框架，以"目标-行为"的细化分层关系为基础，提出了自底向上反向生成与各个子目标相匹配的流程片段，并给出行为和业务流程片段对目标支持度的评估分析，为用户构建业务流程概念模型提供决策指导。

对于第三阶段研究，主要有以下几方面成果。

（1）结构与语义结合的半监督行为聚类。将半监督策略引入业务流程模型抽象的行为聚类过程，根据流程块结构化特征和行为连接性特征，确定合理的初始聚类集合，同时结合行为语义信息和流程保序需求构建行为相似性度量目标函数，选取已包含子流程的流程模型集合作为先验知识数据集，挖掘基于距离的测度方法，并获取距离约束阈值减少不正确的行为聚合，提出业务流程模型的受限的 k-means 行为聚类算法。

（2）基于模糊聚类技术的业务流程模型抽象。提出业务流程模型抽象的"软划分转化→硬划分还原"过程，将模糊聚类技术引入业务流程模型抽象的半监督行为聚类过程，利用模糊划分矩阵定位边缘行为，以"对原始模型行为控制流改变最小"为标准，设计抽象结果模型的评价指标，对边缘行为进行最优的自动硬划分，提出融合 PCM 技术的半监督行为聚类算法。

（3）业务流程模型抽象（business process model abstraction，BPMA）中最优子流程数的确定。提出了基于受限 k-means 行为聚类算法的最佳子流程数确定方法，重点讨论了子流程数的上限确定、抽象结果有效性指标定义以及循环过程中初始簇中心的确定问题。同时，还设计了一种基于贪心算法的简便的求解子流程数的方法，该方法从真实的流程库中获取距离阈值，进而指导算法运行。

1.3　本书章节安排

本书章节结构及各章主要内容如下。

第 1 章为绪论，给出本书研究问题的背景、本书的研究成果以及本书的章节结构。

第 2 章为后续章节提供理论基础，主要介绍物理系统的知识重构与抽象框架以及作者前期对其进行的改进。

第 3 章引入本书采用的有关业务流程模型及业务流程模型抽象的相关概念。

第 4 章提出智能世界的可区分的知识重构与抽象模型，并对模型构建过程进行形式化。

第 5 章介绍多域的业务流程一般抽象模型，并引入目标知识，构建基于目标的业务流程抽象模型。

第 6 章分别引入半监督聚类技术和模糊聚类技术，从业务流程模型抽象的行为聚类角度，生成不同粒度的流程模型，实现对流程的快速理解，同时提出求解最佳子流程数的算法。

最后附上本书引用的参考文献。

第 2 章　知识重构与抽象模型框架及其扩展概述

本章根据文献[6]、[53]～[55],对知识重构与抽象模型框架及其扩展进行概述,为后续章节提供理论基础。

基于模型推理的一个关键问题在于构造适合于特定推理任务的物理系统模型,一个好的模型可以在一定程度上简化推理过程,以基于模型的诊断为例,基于模型诊断的一个主要障碍是当待诊断系统中部件数目很大时,要考察的候选诊断数目也非常大。因此,学者提出了很多方法提高获得真正诊断的效率,例如,通过增加依赖于应用领域的约束控制诊断空间[56]。有些学者提出了分层诊断的方法解决基于模型诊断的计算复杂性问题,Mozetič[57]定义了三个抽象/细化算子来表示层次之间的关系,并给出了限制完备性成立的条件,Chittaro 和 Ranon[4]在 Mozetič 工作的基础上提出了基于结构抽象的分层诊断方法,扩展了 Mozetič 的算法。Saitta 等[5]形式化了基于模型诊断的抽象过程,描述了如何在 KRA 模型中实现基于模型诊断的部件聚合。

本章首先介绍 Saitta 和 Zucker[58]提出的 KRA 模型框架,同时在此基础上,简要介绍本书作者在文献[6]中基于 KRA 模型框架做的扩展研究工作,具体包括:对 KRA 模型各层的抽象算子进行功能定义,同时给出抽象算子在系统的基本框架 R_g 上进行的非独立的运算过程,使得不会在抽象过程中生成重复的部件类型,不仅降低了存储空间,还增加了在进一步的抽象运算中算子重用的概率,提高了整个抽象运算的效率。描述了基于模型诊断的抽象分层过程,提出了动态和静态构造算子库两种方法,并分析了其优缺点,给出一个应用抽象算子集合自动生成待诊断系统分层表示的算法。然后,本章继续在 KRA 模型框架基础上,提出了 G-KRA 模型框架和域扩展的 G-KRA 模型框架[53-55],在拓宽建模方向的同时,增强了模型的推理能力。

2.1　KRA 模型框架下的抽象分层过程

2.1.1　表示抽象的 KRA 模型

人工智能领域中多数抽象的表示都是通过减少信息量来定义,很多抽象理论能够很好地刻画和分类现存的各种抽象问题,但是并没有给出解决问题的构造性方法。Saitta 和 Zucker 认为一个域的概念化至少应该包含四个不同层的内容,从比较新颖的角度提出了抽象的 KRA 框架表示。给定这四个层次，则理论可以基于最低层（感知层）提出，而在表示的任意高层都提供了构造兼容抽象的方法。下面简要介绍 KRA 模型以及 Saitta 和 Zucker 基于该框架定义的一般的抽象理论。

1. 表示层和描述框架

为了简化，KRA 模型框架仅考虑静态的世界 W，人或者人造系统（artificial systems）只能通过感知对 W 进行间接的访问，因此对于观测者（observer）而言，重要的并不是世界本身，而是他所拥有的感知 P。P 确定了构成感知结果的元素类型，例如，P 可以说是由像素矩阵的亮度和颜色构成的感知或者是一个对象的给定值，用形状和大小描述。对实际世界的感知 P 可以通过对这个世界的信号（信息）获取过程 $\mathcal{P}$ 得到，即 $P=\mathcal{P}(W)$。这个表示形式表明应用于世界 W 的感知过程 $\mathcal{P}$ 给出了感知 P 指定元素的特定内容。如考虑用在分子生物学中的传感器，来测量基因表达式，如图 2.1 所示。

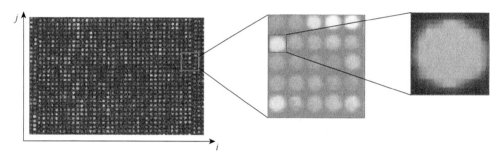

图 2.1　微阵列图片——分析基因表达式的现代工具

P 定义了构成世界的元素，这些元素是基本的（或原子的）感知对象。即使这些元素相当复杂，它们仍然被看成进一步概念化的基本构成要素。例如，在图 2.1 中，过程强调的是微阵列监测器，它是带有样例和控制 cDNA 的探测器的混合，同时，感知 P 包含由荧光屏根据样例集聚和对应于控制集聚的红色加在一起生成的信号强度。一个"自然的"物体是一个位置，但是，这个位置本身由多个像素构成，可能同样会被作为一个基本物体选择。

感知过程 $\mathcal{P}$ 选择世界 W 中的哪些对象作为构成 P 的元素，取决于对世界 W 进行的具体的任务要求。感知 P 中的基本激励因素（stimuli）可以根据本体（ontologies）进行分类，包括对象（objects）、属性（attributes）、函数（functions）和关系（relations）。更细化地，对象可以是原子的或复合的，原子对象没有子部分，而复合对象包含子部分，这些子部分本身也是对象：一个 part-of 分层将复合对象与它们的构成元素相关联。原子对象和复合对象都有一些特性，称为属性。其他类型的特性涉及对象的分组，也即功能和关系。P 中的知觉对象由 $\mathcal{P}(W)$ 生成，组织成以下四类：

$$P=<\text{OBJ, ATT, FUNC, REL}>$$

OBJ 是被感知的对象类型集合，ATT 表示被感知对象的属性类型集合，FUNC 确定了被感知的函数关系集合，REL 是被感知对象类型之间的关系集合。这里强调 W 中不存在属性和关系的明确概念，而是由观测者通过过去的、不同的过程描述的元概念（meta-notions），这是为了避免对每个新任务都处理原始激励。在图 2.1 中，一个对象 x 是一个位置上的信号，属性可以是它的强度、颜色，函数可以是位置的坐标与对应基因之间的连接，而关系确定了两个探测点的相对位置（这个信息对于从空间上规则化芯片上的信号噪声比率是有用的）。

文献[5]中对感知 P 进行了更加具体的描述，在 P 中增加了元素 OBS，用来表示被感知世界的具体信息，没有一般性的定义。感知 P 中各个构成元素的形式化表示如下：

OBJ$=\{\text{TYPE}_i|1\leqslant i\leqslant N\}$

ATT$=\{A_j: \text{TYPE}_j\rightarrow \varLambda_j|1\leqslant j\leqslant M\}$

FUNC$=\{f_k: \text{TYPE}_{ik}\times\text{TYPE}_{jk}\times\cdots\rightarrow C_k|1\leqslant k\leqslant S\}$

REL$=\{r_h\subseteq\text{TYPE}_{ih}\times\text{TYPE}_{jh}|1\leqslant h\leqslant R\}$

在感知层，感知对象仅对观测者存在，并且仅存在于感知行为过程中。这些感知对象的实体包含在传送给观测者的激励中，如图 2.1 中，激励来自于微阵列，如果不留下长期的效果，那么一个位置信号的每一次发生都会衰退（荧光性是自然衰退的）。若要使得这种激励在一定时间内可以检索或用于进一步推理，则必须保存并且组织成结构 $S^{[59]}$。这个结构被感知世界的外延表示，在图 2.1 中，必须将信号及其属性保存起来，并且组织成某种结构，以便于对其进行操作。可以将其存储在关系型数据库中，同时可以应用关系代数算子对其进行运算[60]。KRA 模型框架用 $\mathcal{M}$ 表示存储过程，生成存储结构 S，即

$$S=\mathcal{M}(P)$$

为了以符号形式描述被感知的世界，并且实现与其他世界或感知者之间的交流，必须定义一种语言 L。L 使得可以对被感知世界进行内在描述，为表、对象、属性、函数以及关系分配名称是一个描述的过程 $\mathcal{D}$，即

$$L=\mathcal{D}(S)$$

例如，在图 2.1 中，一个位置信号的强烈程度被称为强度（intensity）、探测器的位置与它们的横坐标和纵坐标相关联、探测器的物理或生物上的相邻称为邻接（adjacency）等。

理论使得对世界的推理成为可能，理论也可以包含一般性的背景知识，这些知识通常不属于任何特定域。在理论层，可以使用推理规则，这里将理论化称为

用语言 L 表示理论的过程 T，即

$$T=\mathcal{T}(L)$$

在图 2.1 所示的例子中，需要有一个理论来解释基因表达式的变化，因此将纯粹的测量转化成实验的佐证。更进一步地，可以在 T 中添加像邻接关系的对称性这种形式化的知识。

Saitta 和 Zucker 给出的抽象的四层表示组织在图 2.2 中。

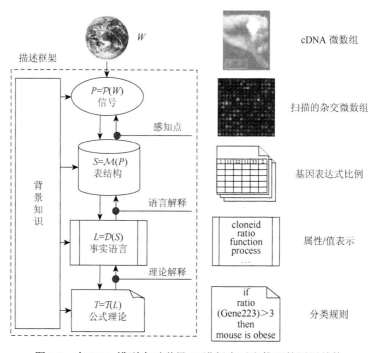

图 2.2   在 KRA 模型中对世界 W 进行表示和推理的四层结构

图 2.2 中，P 表示 W 中对象的感知以及对象间的连接关系，S 是表的集合，每个表包含一组共享某个属性的对象，L 是一个形式化的语言，它的语义基于 S 中的表来确定，T 是用 L 阐述的理论，其中包含了感知世界的属性和一般性的知识。不存在完全孤立的世界，因此原则上，背景知识（background knowledge）到每一层都有输入，特别是到理论层（T），在 T 层需要有一般的法则和不依赖于域的客观事实。Goldstone 和 Barsalou 提出感知层（图 2.2 中的 P 层）在对其他层的影响上充当了主要角色。然而，这种依赖性并不是意味着各层的内容严格自底向上生成，各层之间存在着复杂的双向影响。同时，概念化或者任务信息反过来甚至也影响着感知。在图 2.2 中，背景知识可以是包含微阵列上每个位置的每个基因的克隆标识符的数据库。

对所引入的表示层间的关系的更深入的分析超出了计算机科学的领域，因为至少还需要哲学与认知科学的相关理论。因此，Saitta 和 Zucker 定义的四个层次假设其已经是给定的，四个过程的本质并不进行讨论，而是关注世界 W 的表示问题以及如何定义描述框架 $R(W)$。由此，Saitta 和 Zucker 定义了表示 W 的描述框架 $R(W)=(P, S, L, T)$。这里，W 绝不仅仅限制于物理世界，感知 P 和感知过程 $\mathcal{P}$ 也不仅仅由人们的五种感觉器官确定。一个世界 W 可以是一个概念化的世界，如文本，这时阅读过程就确定了文本中的词和短语，这个过程即构成了文本的感知过程 $\mathcal{P}$。

2. 运行实例

为了更好地描述 KRA 模型框架表示，本书引入一个水利系统的实例，如图 2.3 所示，这里引用了文献[4]的部分表示，并进行了一些改动。

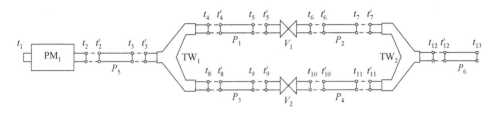

图 2.3　运行实例

图 2.3 中包括四种类型的部件：泵（pump）、管（pipe）、阀（valve）和三通（three-way node）。其中三通分为两种类型：一个输入两个输出（2wayOut）和一个输出两个输入（2wayIn）。每个部件都有端口（port），本例中把端口作为一种虚拟的部件类型，分为输入端口和输出端口。在系统中部件与部件之间通过内部端口相连，部件与外部环境之间通过外部端口相连。设 F_p 表示端口 p 的流量值，已知泵 PM_1 产生的正常流量为 F_k。图 2.3 中 PM_1 为"泵"部件，$P_1 \sim P_6$ 为"管"部件，V_1 和 V_2 为"阀"部件，TW_1 和 TW_2 表示"三通"部件，$t_1 \sim t_{13}$ 以及 $t_2' \sim t_{12}'$ 为各部件的端口。表 2.1 列举了图 2.3 所示系统中各部件的可能的行为模式，其中 ok、uf、of、lk、so 和 sc 既表示行为模式谓词，又表示对应的行为模式名。

表 2.1　图 2.3 所示系统中部件可能的行为模式

ok(pump)	$F_{in}=F_{out}=F_k$
uf(pump)	$F_{in}=F_{out}<F_k$
of(pump)	$F_{in}=F_{out}>F_k$
lk(pump)	$F_{in}>F_{out}$

ok(pipe)	$F_{in}=F_{out}$
lk(pipe)	$F_{in}>F_{out}$
ok(valve)	$s(open) \Rightarrow F_{in}=F_{out}$
	$s(close) \Rightarrow F_{in}=F_{out}=0$
so(valve)	$F_{in}=F_{out}>0$
sc(valve)	$F_{in}=F_{out}=0$
ok(three-way)	$type(2wayOut) \Rightarrow F_{in}=F_{out1}+F_{out2}$
	$type(2wayIn) \Rightarrow F_{out}=F_{in1}+F_{in2}$

泵有四种行为模式，当其处于正常模式 ok 时，其输入流量等于输出流量并且都等于泵的正常流量 F_k。当泵处于故障模式 uf（under flow）时，表示泵的流量低于正常流量，同样地，故障模式 of（over flow）表示泵的流量高于正常流量。当泵处于故障模式 lk（leak）时，表示泵有泄漏，因此其输入流量高于输出流量。

管有两种行为模式，当处于正常模式 ok 时，其输入流量等于输出流量。当处于故障模式 lk 时，其输入流量大于输出流量。

阀有三种行为模式，当其处于正常模式 ok 时，根据阀当前的状态分为开放正常状态和关闭正常状态，前者为输入输出流量相等且大于 0，后者为输入输出流量相等且等于 0。当处于故障模式 so（stuck open）时，输入和输出流量相等且一直大于 0。当处于故障模式 sc（stuck closed）时，输入和输出流量相等且一直等于 0。

假设三通只有一种正常行为模式 ok，根据三通的类型分两种情况，当三通类型为 2wayOut（2 个输出 1 个输入）时，输入流量等于两个输出流量加和，当三通类型为 2wayIn（2 个输入 1 个输出）时，输出流量等于两个输入流量相加的和。

根据 KRA 模型框架，以图 2.3 中给出的水力系统为例进行描述。令 $R_g=(P_g, S_g, L_g, T_g)$ 是该系统的基本表示框架，基本感知 P_g 可以指定如下：

$OBJ_g=COMP_g \cup \{PORT\}$, $COMP_g=\{PUMP, PIPE, VALVE, THREE\text{-}WAY\}$

$ATT_g=\{ObjType: OBJ_g \rightarrow \{pipe, pump, valve, three\text{-}way, port\}, Direction: PORT\rightarrow \{in, out\}, THREE\text{-}WAY \rightarrow \{2wayOut, 2wayIn\}, Observable: PORT \rightarrow \{yes, no\}, State: VALVE \rightarrow \{open, closed\}\}$

$FUNC_g=\{Bpump: PUMP \rightarrow \{ok, uf, of, lk\}, Bpipe: PIPE \rightarrow \{ok, lk\}, Bvalve: VALVE \rightarrow \{ok, so, sc\}, Bthree\text{-}way: THREE\text{-}WAY \rightarrow \{ok\}\}$

$REL_g=\{port\text{-}of \subseteq PORT \times COMP_g, connected \subseteq PORT \times PORT\}$

其中，PORT、PUMP、PIPE、VALVE 和 THREE-WAY 表示各种类型部件的集合，port、pump、pipe、valve 和 three-way 表示部件类型名。

集合 OBS_g 包含了系统中的实际对象以及它们的拓扑和传感器给出的测量。

$\text{OBS}_g = \{(\text{PM}_1, P_1, \cdots, P_6, V_1, V_2, \text{TW}_1, \text{TW}_2, t_1, \cdots, t_{13}, t_2', \cdots, t_{12}'), (\text{ObjType}(\text{PM}_1)=$ pump, $\text{ObjType}(P_1)=$pipe, $\cdots$, $\text{ObjType}(P_6)=$pipe, $\text{ObjType}(V_1)=$valve, $\cdots$, $\text{ObjType}(\text{TW}_1)=$ three-way, $\cdots$, $\text{ObjType}(t_1)=$port, $\cdots$), $(\text{Direction}(\text{TW}_1)=2$wayOut, $\cdots$, $\text{Direction}(t_1)=$in, $\cdots$), $(\text{Observable}(t_1)=$yes, $\cdots$), $(\text{State}(V_1)=$open, $\text{State}(V_2)=$closed$)$, $(\text{port-of}(t_1, \text{PM}_1), \cdots)$, $(\text{connected}(t_2, t_2'), \cdots)\}$

基本感知中的所有值存储在结构 S_g 中，结构 S_g 中包含以下表：TableObj=(obj, objtype, direct, obser, state)，描述实际系统中的对象及属性；TablePortOf=(port, comp)，表示端口及其所在的部件；TableConnected=(port, port)，描述哪些端口互相连接。TableObj 中有一些值设置成 NA（not applicable），表示该属性对于对应的部件没有意义。表 2.2～表 2.4 给出这三个表的部分值。

表 2.2　TableObj

obj	objtype	direct	obser	state
PM_1	pump	NA	NA	NA
V_1	valve	NA	NA	open
TW_1	three-way	2wayOut	NA	NA
t_2	port	out	no	NA
...	...	...	...	...

表 2.3　TablePortOf

port	comp
t_1	PM_1
t_2	PM_1
t_2'	P_5
t_3	P_5
...	...

表 2.4　TableConnected

port	port
t_2	t_2'
t_3	t_3'
t_4	t_4'
...	...

语言 L_g 定义如下，$L_g=(P_g, F_g, C_g)$，这里 P_g 是一个谓词的集合，$P_g=\{\text{comp}(x),$

port(x), observable(x), state(x), in(x), out(x), port-of(x, y), connected(x, y), ok(x), so(x), ⋯, pump(x, y_1, y_2), valve(x, state, y_1, y_2), ⋯}。F_g 是一个函数集合, F_g={Bpump, Bpipe, Bvalve, Bthree-way, ΔFlowValue}。C_g 是一个常量集合, C_g={PM$_1$, V$_1$, ⋯} ∪ $Λ_{Bpump}$ ∪ ⋯ ∪ {open, closed, +, −, 0}, $Λ_{Bpump}$ 表示 pump 类型部件的行为模式集合。语言 L_g 中的谓词集合的语义由结构中的表确定。函数集合 F_g 中 Bpump 等函数的函数值为对应部件的行为模式。ΔFlowValue 有两个参数, 类型为 port 型或数值型, 当第一个参数大于（小于/等于）第二个参数时, 函数值为+(−/0)。

理论 T_g 包含系统中各部件的结构描述和行为描述, 例如, 对于部件 pump 的结构描述如下:

pump(PM, t_1, t_2) ⇔ comp(PM) ∧ port(t_1) ∧ port-of(t_1, PM) ∧ in(t_1) ∧ port(t_2) ∧ port-of(t_2, PM) ∧ out(t_2)

与表 2.1 等价的 PM 的行为模式描述如下:

pump(PM, t_1, t_2)∧ok(PM)→ΔFlowValue(t_1, t_2)=0∧ΔFlowValue(t_1, F_k)=0

pump(PM, t_1, t_2)∧uf(PM)→ΔFlowValue(t_1, t_2)=0∧ΔFlowValue(t_1, F_k)=+

pump(PM, t_1, t_2)∧of(PM)→ΔFlowValue(t_1, t_2)=0∧ΔFlowValue(t_1, F_k)=−

pump(PM, t_1, t_2)∧lk(PM)→ΔFlowValue(t_1, t_2)=+

3. "抽象" 在 KRA 模型框架中的形式化定义

给定一个世界 W, 令 P 是由过程 $\mathcal{P}$ 得到的感知, 过程 $\mathcal{P}$ 利用感知器, 每一个感知器适用于获得一个特定的信号, 并且用一个解析度阈值来构建两个信号之间的最小差异, 从而区分两个信号的不同。过程 $\mathcal{P}$ 中感知器提供的值的集合称为一个信号模式或一个配置, 令 Γ 是过程 $\mathcal{P}$ 感知到的可能的配置集合。

定义 2.1（感知简化, perception simplicity）[60]　给定一个世界 W, 令 $\mathcal{P}_1$ 和 $\mathcal{P}_2$ 是两个感知过程, 分别生成感知 P_1 和 P_2, 令 Γ_1 和 Γ_2 是相应的配置集合, 称 P_2 比 P_1 更简化, 当且仅当 $K(\Gamma_2){\leqslant}K(\Gamma_1)$, 其中 K 表示一个配置集合的 Kolmogorov 复杂性[61, 62]。

这个定义有助于将 "简化" 与其在信息处理的认知方面的语义含义相关联。显然, 如果较高的语法复杂性对处理信息带来更多的工作, 则语法复杂性会对被感知世界的简化性产生影响。这个定义非常普通, 没有给出 Γ_1 和 Γ_2 之间的任何语义连接, 只是指出 Γ_2 更容易描述。

Iwasaki, Yoshida 和 Motoda 在 1990 年指出该定义考虑一个抽象的转变的部分, 并且考虑了一连串的抽象映射。Li 和 Vitanyi 在 1993 年讨论了简化与信息内容之间的关系。Zucker 认为抽象与集合 Γ 中的配置的概率分配无关, 只与一个配置, 即被观测的配置相关。另外, 相关的问题不是识别配置, 而是描述配置。

给定一个世界 W, 令 $R_g(W)$=(P_g, S_g, L_g, T_g)和 $R_a(W)$=(P_a, S_a, L_a, T_a)是同一世界

W 的两个描述框架，其中下标 g 表示 ground，下标 a 表示 abstract，则定义抽象为一个映射 $\mathcal{A}$，表示如下。

定义 2.2（抽象，grounded abstraction）[62]　一个抽象是一个从基本描述框架 $R_g(W)=(P_g, S_g, L_g, T_g)$ 到抽象描述框架 $R_a(W)=(P_a, S_a, L_a, T_a)$ 的映射 $\mathcal{A}$，使得 $P_a=\mathcal{P}_a(W)$ 比 $P_g=\mathcal{P}_g(W)$ 更简化（简化的概念如定义 2.1 描述）。

从这个定义可以看出，抽象是指基本描述框架和抽象描述框架之间的映射，其中特别强调两个框架在感知层上的简化程度不同，抽象描述框架中的感知比基本描述框架中的感知更简化。因此，这个抽象是定义在对世界 W 的描述框架中的感知层的，文献[5]给出了抽象更为具体的定义。

定义 2.3　给定两个表示框架 R_g 和 R_a，如果存在一个映射 $\Gamma_g \to \Gamma_a$，该映射将 Γ_g 的一个子集与 Γ_a 的单个元素关联，则称 R_a 比 R_g 更抽象。

从定义 2.3 中可以看出，抽象是相对而非绝对的概念，是定义在表示框架之间而不是单一的对象之间。抽象的定义如图 2.4 所示。

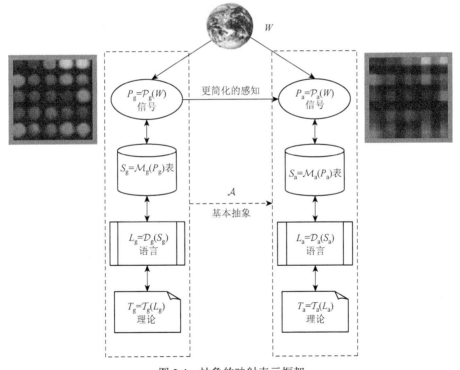

图 2.4　抽象的映射表示框架

2.1.2　抽象算子

前面给出了抽象作为一个世界 W 的给定感知和另外一个更加简化的感知之间

的功能映射 A 的形式化定义。用构造性的方式建立基于感知定义的抽象，文献[63]在结构层、语言层和理论层分别定义了抽象算子，同时为了保证在描述框架的不同层的算子与定义在感知层的抽象保持一致，还引入了兼容性的定义。

文献[5]中指出，引入抽象算子的目的是从系统的最基本层开始，应用抽象算子自动生成更抽象的系统表示。这里以图 2.3 给出的实际系统为例，基于以对象为中心的本体，描述该系统的结构抽象运算过程。本书在 KRA 模型中的各层定义了一一对应的抽象算子集合。与文献[5]不同的是，本书除了对 KRA 模型各层的抽象算子进行功能定义之外，同时还给出了一个非独立的运算过程，即首先在系统的基本框架内的各层应用抽象算子，然后利用一阶逻辑推理将在理论层应用抽象算子得到的新生成的超部件的行为模式与最基本系统的所有基本部件的行为模式比较，如果发现该超部件的行为模式与某种类型的部件一致，则修改感知层和结构层的运算结果，保留新生成的超部件名等实例化信息，而将其类型等类化信息用与其行为模式一致的基本部件的相应信息更新，如果没有找到与该超部件行为一致的基本部件，则运算终止。这样的运算过程使得不会在抽象过程中生成重复的部件类型，不仅降低了存储空间，而且增加了进一步的抽象运算中算子重用的概率，提高了整个抽象运算的效率。

1. 抽象算子的定义

以图 2.3 为例，给出在 KRA 模型框架内定义相应的抽象算子，这里引用了文献[5]中的部分定义，同时进行了一些修改，然后给出应用抽象算子生成超部件的过程。

1）P-算子

抽象算子首先在感知层定义，文献[63]给出了 P 层抽象算子 ω 的一般性定义。

定义 2.4（抽象感知算子，abstraction perception operator）[64]　一个抽象 P-算子 ω 表示一个过程，其输入为一个世界 W 的感知 $\mathcal{P}_g(W)$，输出为同一个世界的更为简化的感知 $\mathcal{P}_a(W)$。

对于结构层、语言层和理论层一一对应的 S-算子、L-算子以及 T-算子采取了相似的方法定义，这里不一一表述。可以看出，这种定义的关键思想是每一个算子都表示一种类型的算法，该算法将表示在给定形式的层的知识作为输入，并以相同的形式输出这种知识的更抽象的表示。

在本例中，感知层的算子集合用于将系统（基本系统或抽象系统）中的部件聚合，其算子数目与具体的系统有关，以图 2.5 所示的图 2.3 中系统的一个子部分为例描述感知层抽象算子的定义及运算。图 2.5（a）为实际系统的子部分，图 2.5（b）为应用抽象算子后得到的抽象部件。

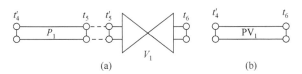

图 2.5　图 2.3 中实例系统的子部分

定义算子 $\omega_{\text{pipevalve}}$ 实现串联连接的 pipe 类型部件与 valve 类型部件向超部件 PV_1 的聚合，该算子带有两个参数，分别为 pipe 型和 valve 型。后面会看到这种聚合的结果仍然是 pipe 型部件，即 $\omega_{\text{pipevalve}}(\text{pipe } p, \text{valve } v)$ 生成了一个 pipe 型部件。

将 $\omega_{\text{pipevalve}}(P_1, V_1)$ 作用于系统的基本感知 $P_g=(\text{OBJ}_g, \text{ATT}_g, \text{FUNC}_g, \text{REL}_g, \text{OBS}_g)$ 得到更抽象的感知 $P_a=(\text{OBJ}_a, \text{ATT}_a, \text{FUNC}_a, \text{REL}_a, \text{OBS}_a)$ 如下：

$\text{OBJ}_a=\text{COMP}_a \cup \{\text{PORT}\}$, $\text{COMP}_a=\{\text{PUMP, PIPE, VALVE, THREE-WAY, SPV}\}$

$\text{ATT}_a=(\text{ATT}_g-\{\text{ObjType}_g\}) \cup \{\text{ObjType}_a: \text{COMP}_a \rightarrow \{\text{spv}\}\}$

$\text{FUNC}_a=\text{FUNC}_g \cup \{\text{BSPV}: \text{SPV} \rightarrow \text{CSPV}\}$

其中，SPV 表示新增类型的部件集合，spv 表示新增的部件类型名，BSPV 表示新增部件的行为模式，CSPV 表示新增类型部件对应的行为模式集合。

注意，在感知层无法直接得到生成的超部件的行为模式常量集合，需要在理论层的推理指导下获得。

$\text{REL}_a=\{\text{port-of} \subseteq \text{PORT} \times \text{COMP}_a, \text{connected} \subseteq \text{PORT} \times \text{PORT}\}$

$\text{OBS}_a=\{(\text{PM}_1, \cancel{P_1}, \cdots, P_6, \text{PV}_1, \cancel{V_1}, V_2, \text{TW}_1, \text{TW}_2, t_1, \cdots, \cancel{t_5}, t_6, \cdots, t_{13}, t_2', \cdots, \cancel{t_5'}, \cdots, t_{12}'),$ $(\text{ObjType}(\text{PM}_1)=\text{pump}, \text{ObjType}(P_2)=\text{pipe}, \cdots, \text{ObjType}(P_6)=\text{pipe}, \text{ObjType}(V_2)=\text{valve}, \cancel{\text{ObjType}(V_1)=\text{valve}}, \text{ObjType}(\text{TW}_1)=\text{three-way}, \cdots, \text{ObjType}(t_1)=\text{port}, \cdots,$ $\cancel{\text{ObjType}(t_5)=\text{port}}, \cancel{\text{ObjType}(t_5')=\text{port}}, \text{ObjType}(\text{PV}_1)=\text{spv}, \cdots), (\text{Direction}(\text{TW}_1)=$ $\text{2wayOut}, \cdots, \text{Direction}(t_1)=\text{in}, \cdots, \cancel{\text{Direction}(t_5)=\text{out}}, \cancel{\text{Direction}(t_5')=\text{in}}, \text{Direction}(t_4')=$ $\text{in}, \text{Direction}(t_6)=\text{out}), (\text{Observable}(t_1)=\text{yes}, \cdots, \cancel{\text{Observable}(t_5)=\text{no}}, \cancel{\text{Observable}(t_5')=\text{no}},$ $\text{Observable}(t_4')=\text{yes}, \text{Observable}(t_6)=\text{yes}), (\text{port-of}(t_1, \text{PM}_1), \cdots, \cancel{\text{port-of}(t_5, P_1)}, \text{port-of}$ $\cancel{(t_5', V_1)}, \text{port-of}(t_4', \text{PV}_1), \text{port-of}(t_6, \text{PV}_1)), (\text{connected}(t_2, t_2'), \cancel{\text{connected}(t_5, t_5')}, \cdots)\}$

这里注意，聚合 pipe 型部件 P_1 和 valve 型部件 V_1 时虽然生成了新的部件类型，但是系统中可能仍然存在其他 pipe 型和 valve 型部件，因此在 COMP_a 集合中保留了这两种部件类型。OBS_a 中删除线部分表示了抽象运算过程。

2）S-算子

在结构层，定义与感知层算子 $\omega_{\text{pipevalve}}$ 对应的抽象算子 $\sigma_{\text{pipevalve}}$，该算子作用于存储系统基本感知的数据库表上。

在表 TableObj_g 中，删除任何含有 P_1 或 V_1 以及 t_5 或 t_5' 的行，并在表中为对象 PV_1 添加新行，生成表 TableObj_a。

在表 TablePortOf_g 和表 TableConnected_g 中，将含有部件 P_1 或 V_1 以及两部件

连接端口 t_5 或 t_5' 的所有行删除，同时将 P_1 和 V_1 的外部端口 t_4 和 t_6 与部件 PV_1 相连，得到表 TablePortOf$_a$ 和表 TableConnected$_a$。

这里以表 TableObj$_a$ 为例说明抽象算子 $\sigma_{\text{pipevalve}}(P_1, V_1)$ 的作用结果，见表 2.5。

表 2.5　以表 TableObj$_a$ 为例说明抽象算子 $\sigma_{\text{pipevalve}}(P_1, V_1)$ 的作用结果

obj	objtype	direct	obser	state
PM1	pump	NA	NA	NA
~~P_1~~	~~pipe~~	~~NA~~	~~NA~~	~~NA~~
~~V_1~~	~~valve~~	~~NA~~	~~NA~~	~~open~~
PV_1	spv	NA	NA	NA
~~t_5~~	~~port~~	~~out~~	~~no~~	~~NA~~
~~t_5'~~	~~port~~	~~in~~	~~no~~	~~NA~~
...	...	...	...	...

3）*L*-算子

在语言层，定义抽象算子 $\lambda_{\text{pipevalve}}$，该算子作用于逻辑语言 $L_g=(P_g, F_g, C_g)$，得到更抽象的语言 $L_a=(P_a, F_a, C_a)$，其中：在谓词集合 P_a 中，由于系统对象类型除了增加 spv 型的部件之外，其余没有发生变化，故只需要在集合 P_a 中添加关于部件 spv 的相应谓词；函数集合 F_a 中添加关于 spv 型部件的行为函数；常量集合 C_a 中添加 spv 型部件的行为模式值以及新生成的超部件名。

具体如下：

$P_a = P_g \cup \{\text{SPV}(x), \text{BSPV}_1(x), \text{BSPV}_2(x), \cdots\}$

$F_a = F_g \cup \{\text{BSPV}\}$

$C_a = C_g \cup \{\text{PV}_1\} \cup \Lambda_{\text{BSPV}}$

注意，新生成的超部件的行为模式谓词及行为模式常量，在语言层算子的作用下无法直接得到，在理论层的逻辑推理指导下获得。

4）*T*-算子

在理论层，需要将描述 pipe 型部件和 valve 型部件的结构和行为的公式合并（但是保留两种类型部件的结构和行为描述公式），从而得到超部件 spv 型部件的结构描述和行为。pipe 型部件和 valve 型部件的结构描述如下：

pipe$(P, t_1, t_2) \Leftrightarrow \text{comp}(P) \wedge \text{port}(t_1) \wedge \text{port-of}(t_1, P) \wedge \text{in}(t_1) \wedge \text{port}(t_2) \wedge \text{port-of}(t_2, P) \wedge \text{out}(t_2)$

valve$(V, \text{state}, t_1, t_2) \Leftrightarrow \text{comp}(V) \wedge \text{port}(t_1) \wedge \text{port-of}(t_1, V) \wedge \text{in}(t_1) \wedge \text{port}(t_2) \wedge \text{port-of}(t_2, V) \wedge \text{out}(t_2) \wedge (\text{state}(V)=\text{open} \vee \text{state}(V)=\text{close})$

根据结构层表中描述的信息进行推理得到超部件类型 spv 的结构描述如下：

spv(PV, t_1, t_2) $\Leftrightarrow$ comp(PV) $\wedge$ port(t_1) $\wedge$ port-of(t_1, PV) $\wedge$ in(t_1) $\wedge$ port(t_2) $\wedge$ port-of(t_2, PV) $\wedge$ out(t_2)

同理，pipe 型部件和 valve 型部件的行为描述如下：

①pipe(P, t_1, t_2) $\wedge$ ok(P)$\rightarrow$$\Delta$FlowValue($t_1$, t_2)=0

②pipe(P, t_1, t_2) $\wedge$ lk(P)$\rightarrow$$\Delta$FlowValue($t_1$, t_2)=+

③valve(V, state, t_1, t_2) $\wedge$ state(V)=open $\wedge$ ok(V)$\rightarrow$$\Delta$FlowValue($t_1$, t_2)=0 $\wedge$ ΔFlowValue(t_1, 0)=+

④valve(V, state, t_1, t_2) $\wedge$ state(V)=close $\wedge$ ok(V)$\rightarrow$$\Delta$FlowValue($t_1$, t_2)=0 $\wedge$ ΔFlowValue(t_1, 0)=0

⑤valve(V, state, t_1, t_2) $\wedge$ so(V)$\rightarrow$$\Delta$FlowValue($t_1$, t_2)=0 $\wedge$ ΔFlowValue(t_1, 0)=+

⑥valve(V, state, t_1, t_2) $\wedge$ sc(V)$\rightarrow$$\Delta$FlowValue($t_1$, t_2)=0 $\wedge$ ΔFlowValue(t_1, 0)=0

将两种类型部件的行为模式进行笛卡儿积运算共得到 8 种可能的行为模式（①③、①④、①⑤、①⑥、②③、②④、②⑤、②⑥），经过逻辑推理，可以合并其中的①③、①④、①⑤和①⑥，②③、②④、②⑤和②⑥，得到新的超部件的两种行为描述如下：

spv(PV, t_1, t_2) $\wedge$ BSPV$_1$(PV)$\rightarrow$$\Delta$FlowValue($t_1$, t_2)=0

spv(PV, t_1, t_2) $\wedge$ BSPV$_2$(PV)$\rightarrow$$\Delta$FlowValue($t_1$, t_2)=+

2. 抽象算子的运算过程

在系统的 KRA 模型基本框架内应用抽象算子是一个反复的过程，正像前面在框架内各层定义抽象算子时提到的，有些内容在算子顺序应用过程中只能暂时以变量的形式存在，例如，在感知层定义 FUNC$_a$ 时，无法直接得到新生成的超部件的行为模式常量集合，需要利用理论层的逻辑推理结果指导，再如在语言层生成谓词集合时，超部件的具体行为谓词也必须由理论层的逻辑推理结果指导得出。

下面看一下前面聚合 pipe 类型部件和 valve 类型部件时在理论层推出的逻辑结果对其他各层的指导：通过理论层的推理，得到 spv 类型的超部件具有两种行为模式 BSpv$_1$ 和 BSpv$_2$，则修改感知层的函数集合为 FUNC$_a$=FUNC$_g$ $\cup$ {BSPV: SPV$\rightarrow$ {bspv$_1$, bspv$_2$}}，修改语言层的谓词集合为 P_a=P_g $\cup$ {SPV(x), BSPV$_1$(x), BSPV$_2$(x)}。

特别地，部件聚合有可能生成与某个基本部件结构描述和行为模式都相同的超部件，这种情况下可以将该超部件看成与该基本部件相同的部件，无须将其类型、结构以及行为模式进行重复存储。例如，前面由部件 P_1 和部件 V_1 串联聚合而成的超部件 PV$_1$，将在理论层得到的该超部件的结构描述和行为模式与系统中的各基本部件比较，发现它的结构描述和行为模式与 pipe 型部件完全相同，则可以在各层中将新添加的关于超部件的量进行适当的删除，相当于在系统中将 P_1 和 V_1 删除，用一个 pipe 型部件 PV$_1$ 代替。

经过以上分析，得到了新的更抽象的系统如图 2.5（b）所示，其 KRA 模型表示 $R_a=(P_a, S_a, L_a, T_a)$如下。

在感知层，$P_a=(OBJ_a, ATT_a, FUNC_a, REL_a, OBS_a)$，其中，

$OBJ_a=COMP_a\cup\{PORT\}$, $COMP_a=\{PUMP, PIPE, VALVE, THREE\text{-}WAY\}$

$ATT_a=\{ObjType: OBJ_a\rightarrow\{pipe, pump, valve, three\text{-}way, port\}$, Direction: PORT$\rightarrow$ $\{in, out\}$, THREE-WAY$\rightarrow\{2wayOut, 2wayIn\}$, Observable: PORT$\rightarrow\{yes, no\}$, State: VALVE$\rightarrow\{open, closed\}\}$

$FUNC_a=\{Bpump: PUMP\rightarrow\{ok, uf, of, lk\}$, Bpipe: PIPE$\rightarrow\{ok, lk\}$, Bvalve: VALVE$\rightarrow$ $\{ok, so, sc\}$, Bthree-way: THREE-WAY$\rightarrow\{ok\}\}$

$REL_a=\{port\text{-}of\subseteq PORT\times COMP_a$, connected$\subseteq PORT\times PORT\}$

$OBS_a=\{(PM_1, P_2, \cdots, P_6, PV_1, V_2, TW_1, TW_2, t_1, \cdots, t_4, t_6, \cdots, t_{13}, t_2', \cdots, t_4', \cdots, t_{12}')$, $(ObjType(PM_1)=pump$, $ObjType(P_2)=pipe$, $\cdots$, $ObjType(P_6)=pipe$, $ObjType(V_2)=valve$, $ObjType(TW_1)=three\text{-}way$, $\cdots$, $ObjType(t_1)=port$, $\cdots$, $ObjType(PV_1)=pipe$, $\cdots)$, (Direction $(TW_1)=2wayOut$, $\cdots$, Direction$(t_1)=in$, $\cdots$, Direction$(t_4')=in$, Direction$(t_6)=out)$, (Observable $(t_1)=yes$, $\cdots$, Observable$(t_4')=yes$, Observable$(t_6)=yes)$, (port-of(t_1, PM_1), $\cdots$, port-of$(t_4'$, $PV_1)$, port-of$(t_6, PV_1))$, (connected(t_2, t_2'), $\cdots)\}$

在结构层，以表 TableObj$_a$ 为例说明该结果（表 2.6），其他表内容与使用抽象算子 $\sigma_{pipevalve}(P_1, V_1)$的作用结果相同。

表 2.6　以表 TableObj$_a$ 为例说明结果

obj	objtype	direct	obser	state
PM$_1$	pump	NA	NA	NA
PV$_1$	pipe	NA	NA	NA
TW$_1$	three-way	2wayOut	NA	NA
t_2	port	out	no	NA
...	...	...	...	...

在语言层，逻辑语言 L_a 定义如下，$L_a=(P_a, F_a, C_a)$，其中，$P_a=P_g$，$F_a=F_g$，$C_a=\{PM_1, P_2, \cdots, V_2, PV_1, \cdots\}\cup\Lambda_{Bpump}\cup\cdots\cup\{open, closed, +, -, 0\}$。

由于没有增加新的部件类型，所以 R_a 的理论层知识与 R_g 相同。

至此，可以得到作用于整个系统框架 R_g 上的抽象运算过程，如图 2.6 所示。

3. 算子的一致性

从图 2.6 中可以看到，抽象结构 S_a 由 S-算子 σ 运算得到，实际上，根据文献[63]，对于给定的抽象 P-算子 ω，存在两种方法构造抽象结构 S_a：第一种方法

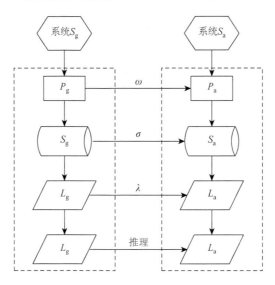

图 2.6　系统框架 R_g 上的抽象运算过程

是先对基本感知应用抽象 P-算子 ω 得到抽象感知 P_a，然后将 P_a "记忆" 到抽象结构 S_a 中，如图 2.7 中的路径①②所示；另一种方法则直接对基本结构 S_g 应用 S-算子 σ，如图 2.7 中的路径①②所示。

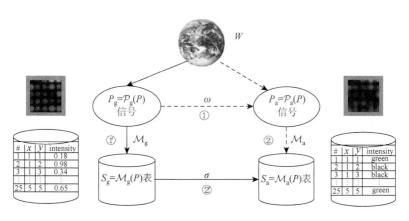

图 2.7　抽象结构 S_a 的获取方式

第一种方法要求感知者明确地构建抽象世界感知 P_a，然后存储它。对新的感知的存储步骤很难完全自动地实现，因此直接对基本结构 S_g 进行转换操作更有实际意义。引入算子一致性的概念表示前面提到的两种方法必须得到相同的结构。这种一致性为结构层抽象 S-算子提供了语义基础。

定义 2.5（S-算子的一致性）　一个应用在结构层的 S-算子 σ 与感知层的 P-

算子 ω 是一致的，当且仅当 $\sigma(\mathcal{M}_g(P_g))=\mathcal{M}_a(P_a)$。

L-算子和 T-算子的一致性定义与 S-算子的定义相似。语言层基于映射的抽象方法可能会出现一致性问题[65, 66]，在 KRA 模型框架下定义的抽象相应于实际的可能的感知，因此能够保证这种一致性。但是，文献[67]中指出，不可能在语言层定义一致的转换规则，Goldstone 和 Barsalou[68]在与人类感知对比中也提到了这一点。

2.1.3　形式化抽象分层过程

系统的分层表示可以反复应用抽象算子自动实现，在具体系统 S 的 KRA 模型框架中，可以根据感知过程得到的感知 P 中包含的部件类型及部件连接关系定义各层的抽象算子库，可以使用两种方式定义算子库：静态方式和动态方式。

静态方式是指根据给定系统的基本框架 R_g 预先构造所有可能的抽象算子，在这里设基本部件类型的个数为 m，抽象运算可以看成将 m 个部件两两串（并）联聚合，则得到抽象算子个数为 $O(m^2)$。静态构造算子库是一个相对的方法，它只是在抽象运算开始时预先定义了初始时可能的算子，但是如果在抽象运算过程中生成了某种基本系统中没有的部件类型，则还需要动态地定义新的算子添加到算子库中，另外，实际系统中还可能存在多个部件相连的情况，如图 2.3 中 TW_1 和 P_1、P_3 相连，这种情况也需要动态构造相应的算子。

动态方式是指初始时根据系统的基本构成找到相连（串联或并联）的部件集，只定义这些部件集对应的聚合抽象算子，在抽象运算开始后，再不断地完善算子库。显然地，静态构造算子库的方法预先生成了基于基本部件的大部分可能用到的抽象算子，因此在系统的抽象分层过程中降低了动态定义新算子的概率，提高了整个分层过程对抽象算子的重用率，而动态方法只需要构造部分抽象算子，减少了预定义的时间和空间，但是有可能在分层过程中过多地生成新算子，使得分层过程的效率降低。在组成部件相同的情况下，对于结构连接简单的系统可以使用动态生成算子库的方法对系统进行抽象分层，而对于结构连接复杂的系统则可以使用静态生成算子库的方法提高抽象过程中算子的重用率，从而提高分层过程的效率。

算法 HirechicalProcess 利用动态生成抽象算子库的方法输出待表示系统的分层表示。

算法 HirechicalProcess
输入：系统的 KRA 模型框架 $R_g=(P_g, S_g, L_g, T_g)$
输出：系统的分层表示 H
1. 搜索 S_g，找到系统中所有串联和并联的部件元组 $<c_{i1}, c_{i2}, \cdots, s_{i1i2}\cdots>$，$1 \leqslant i_1, i_2, \cdots \leqslant n$，从中删除部件类型和连接方式相同的元组

//$c_k(1 \leqslant k \leqslant n)$为部件名，$s_{i1i2\cdots}$为部件的连接状态，$s_{i1i2\cdots}=s$ 表示 c_{i1}, c_{i2}, …串联，$s_{i1i2\cdots}=p$ 表示 c_{i1}, c_{i2}, …
并联

2. 根据 1. 中找到的部件元组集，采用动态方法

在感知层构造算子库 $\Omega=\{\ \omega_{t_{i1}t_{i2}\cdots}\ |1 \leqslant i_1, i_2, \cdots \leqslant n\}$

在结构层构造算子库 $\Sigma=\{\ \sigma_{t_{i1}t_{i2}\cdots}\ |1 \leqslant i_1, i_2, \cdots \leqslant n\}$

在语言层构造算子库 $\Lambda=\{\ \lambda_{t_{i1}t_{i2}\cdots}\ |1 \leqslant i_1, i_2, \cdots \leqslant n\}$；$t_{ij}$ 表示部件 c_{ij} 的类型

　　//注意，构造各层算子库的过程并不是独立完成，而是嵌入在算子的应用中逐步定义

3. 循环，直到系统中只有一个部件

　　3.1　在系统中选择串（并）联的部件 c_{i1}, c_{i2}, …，在 Ω 中选择可将 c_{i1}, c_{i2}, …聚合的算子 ω' 作用于系统 R_g 的感知层 P_g，得到更抽象的感知 P_a

　　3.2　在 Σ 中选择算子与 ω' 对应的抽象算子 σ'，作用于系统 R_g 的结构层 S_g，得到更抽象的结构 S_a

　　3.3　在 Λ 中选择对应的抽象算子 λ'，作用于系统 R_g 的语言层 L_g，得到更抽象的语言 L_a

　　3.4　在理论层 T_g 中结合 P_a, S_a, L_a 层的抽象结果，利用推理规则得到由部件 c_{i1}, c_{i2}, …聚合而成的超部件 c' 的结构描述和行为模式，得到 T_a

　　3.5　将 3.4 中得到的结果与最基本部件的结构描述和行为模式比较，若得到的超部件与某个基本部件结构描述和行为模式一致，则重新修改 3.1、3.2、3.3、3.4 步得到的结果

　　3.6　检查 c' 与其他部件的连接情况（串联/并联），采用动态方法生成 c' 对应的算子，并添加到 2. 中的三个算子库中

　　3.7　输出本次抽象运算得到的更抽象的系统 $R_a=(P_a, S_a, L_a, T_a)$

算法 HirechicalProcess 是非常一般的，可以看到，在分层过程中需要考虑以下几个问题。

（1）新算子的定义。除了进行抽象算子的预定义之外，当对系统的某一层次进行抽象运算时，若生成了新类型的超部件，还需要动态在算子库中定义新的算子，可以考虑利用机器学习中的相关理论定义新算子，使得算子的动态构造实现完全的自动化，从而实现系统的自动分层。

（2）系统分层不唯一。由于在 3.1 步中选择下一步聚合的部件不唯一，算法生成的系统的分层表示不唯一，为了保证得到一个辨识能力强的抽象模型，应该进一步考虑如何选择部件进行聚合。

第一，保留系统的可用观测。

以基于模型诊断任务为例，部件在聚合过程中可能会隐藏系统的可用观测，使得在诊断过程中对真假诊断的辨识力下降，即非可确定诊断问题（undiagnosability problem）[69]。如果某一分层上没有任何可用观测保留，则该层是完全非可确定诊断的。Mozetič 在文献[57]中将诊断过程开始于至少具有一个可用观测的抽象层，从而避免了这种完全非可确定诊断问题。Chittaro 等在文献[4]中提出了结构树，并且利用 Rearrange 过程重新组织了 Mozetič 的系统分层表示，保留系统可用观测的同时生成了更为抽象的系统分层表示，降低了诊断搜索空间，提高了诊断的效率。

因此，在选择聚合部件时，应尽可能保留系统的可用观测。具体在算法

HirechicalProcess 的步骤 3.1 中，可以进行以下操作（以两个部件聚合为例）：查找系统中的部件 c_i 和 c_j，判断二者的连接方式，若为串联，则检查部件 c_i 和 c_j 的互连端口是否包含观测信息，不包含即利用相应的抽象算子进行聚合操作；若为并联，则检查 c_i 和 c_j 各自的输入输出端口是否包含观测信息，不包含即利用相应的抽象算子进行聚合操作。显然，这个检查过程是线性复杂的，因此不影响整个算法的执行效率。

这里需要说明的是，为了简化讨论，本书只考虑了部件连接的两种方式：并联和串联。有些系统中的部件之间还存在着更为复杂的连接方式，如星型-网状结构[70]，可以通过转换操作将其转换成拓扑上与之等价的并联和串联结构，详见文献[70]。

第二，尽量生成与基本部件类型相同的超部件。

在选择部件聚合时，应该尽量避免生成与基本部件类型不同的超部件，因为一旦生成了不同类型的超部件，就需要占用空间存储该部件对应的类信息，同时也增大了定义新算子的难度。

可以通过两种方法选择聚合部件。一是在动态定义抽象算子库时，除了定义抽象算子的作用过程外，增加对抽象算子作用结果的比较操作，即对生成与基本类型相同的超部件类型的抽象算子进行标记，在算法 HirechicalProcess 的步骤 3.1 中将聚合部件的选择与抽象算子的选择结合起来，尽量选择能够生成与基本部件类型相同超部件的部件进行聚合。这种方法在算法 HirechicalProcess 的步骤 3.1 聚合部件之前，需要检查部件类型与算子库中带标记算子的作用对象类型是否匹配，如果匹配，说明部件聚合后的超部件类型为基本部件类型，因此进行聚合操作。假设系统中包含 n 个部件，在最坏的情况下（假设系统中的 n 个部件两两相连，这是一种极端情况，实际的系统一般不会达到），动态生成的算子库中的算子个数为 $n(n-1)/2$ 个，若全部为标记算子，则在部件聚合前最多需要进行 $n(n-1)/2$ 次比较操作，即可以将时间复杂性简记为 $O(n^2)$。这种方法的好处是当聚合部件类型与算子库中的带标记算子的作用对象类型匹配成功时，在步骤 3.4 中无须重复生成超部件的行为模式，提高了部件的聚合效率。二是可以在算法 HirechicalProcess 的步骤 3.5 中检查新生成的超部件类型，若与任意基本部件类型都不相同，可以放弃前面进行的抽象运算，回到步骤 3.1 中重新选择聚合部件。当每次选择的聚合部件聚合后恰好都生成与某个基本部件类型相同的超部件时，这种方法获得最好的效率，即每次在算法 HirechicalProcess 的步骤 3.5 中最多进行 n 次比较（n 为基本部件个数）。而若每次选择的聚合部件聚合后都生成非基本部件类型的超部件，则会导致算法 HirechicalProcess 陷入无限循环之中，因此可以在此加入一个阈值，限制循环选择聚合部件的次数。

（3）应用抽象算子的过程中一个关键点是如何得到超部件的行为模式甚至是

行为模型，这决定了抽象后的模型质量，也影响着分层抽象过程的效率和正确性。

假设要将部件 c_1, c_2, …, c_k 聚合成超部件 c，c_i 包含 M_i 种行为模式，$1 \leqslant i \leqslant k$，则显然地，超部件 c 最多具有 $N = \prod_{i=1}^{k} M_i$ 种行为模式。从前面的例子中可以看出，超部件 c 的这 N 种行为模式中有些是不可区分的，对这样的行为模式进行合并，最终得到超部件 c 的小于等于 N 种行为模式，既降低了存储空间，又有利于后面超部件与基本部件的比较。

可以通过以下方法在算法 HirechicalProcess 的步骤 3.4 中生成超部件的行为模式：逐个考察 k 个聚合部件 c_1, c_2, …, c_k 行为模式的笛卡儿积 BM_i（一阶逻辑公式），$1 \leqslant i \leqslant N$，根据结构层中存储的各部件之间的连接关系以及生成的超部件的结构，在 BM_i 中将含有被隐藏的端口的文字删除，推出只含有超部件端口的行为公式作为超部件的行为模式保存，并动态合并不可区分的行为模式（完全相同或存在子集和超集关系的行为模式），如算法 CompoundCompBM 所示。

算法 CompoundCompBM

1. $BM_c = \{\ \}$。//存储超部件 c 的行为模式
2. 在结构数据库中查找部件 c_1, c_2, …, c_k 的连接端口、超部件端口以及端口之间的连接关系
3. 考察部件 c_1, c_2, …, c_k 行为模式的笛卡儿积 BM_i，$1 \leqslant i \leqslant N$

　　3.1　BM_i=删除 BM_i 中含有部件 c_1, c_2, …, c_k 的连接端口的文字并根据端口之间的关系保留超部件端口文字及一阶逻辑关系

　　3.2　将 BM_i 与 BM_c 中的行为模式依次比较，若 BM_c 中存在与 BM_i 不可区分的行为模式，则保留两者中子集的行为模式并转步骤 3.，否则 $BM_c = BM_c \cup \{BM_i\}$

可以看出，以上生成超部件行为模式的算法在最坏情况下（超部件的所有可能的 N 种行为模式均不相同）的时间复杂性为 $T_{\text{worst}} = N(N-1)/2$，$N = \prod_{i=1}^{k} M_i$，假如每个聚合部件都有 n 种行为模式，则 $T_{\text{worst}} = n^k(n^k-1)/2 = O(n^k)$；而最好的情况下（超部件的所有可能的 N 种行为模式均相同）的时间复杂性为 $T_{\text{best}} = \prod_{i=1}^{k} M_i$，假设每个聚合部件都有 n 种行为模式，则 $T_{\text{best}} = O(n^k)$。故超部件的行为模式可以在多项式时间内生成。

图 2.8 是图 2.3 所示系统的子部分，下面举例说明按照算法 CompoundCompBM 将 pump 型部件 PM_1 和 pipe 型部件 P_5 聚合生成超部件 PMP 的行为模型的过程。

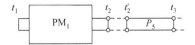

图 2.8　图 2.3 所示系统的子部分

PM_1 的行为模式可以描述如下：

①$pump(PM_1, t_1, t_2) \wedge ok(PM_1) \rightarrow \Delta FlowValue(t_1, t_2)=0 \wedge \Delta FlowValue(t_1, F_k)=0$

②$pump(PM_1, t_1, t_2) \wedge uf(PM_1) \rightarrow \Delta FlowValue(t_1, t_2)=0 \wedge \Delta FlowValue(t_1, F_k)=+$

③$pump(PM_1, t_1, t_2) \wedge of(PM_1) \rightarrow \Delta FlowValue(t_1, t_2)=0 \wedge \Delta FlowValue(t_1, F_k)=-$

④$pump(PM1, t_1, t_2) \wedge lk(PM_1) \rightarrow \Delta FlowValue(t_1, t_2)=+$

P_5 的行为模式可以描述如下：

⑤$pipe(P_5, t'_2, t_3) \wedge ok(P_5) \rightarrow \Delta FlowValue(t'_2, t_3)=0$

⑥$pipe(P_5, t'_2, t_3) \wedge lk(P_5) \rightarrow \Delta FlowValue(t'_2, t_3)=+$

在结构数据库中可以得到 PM_1 和 P_5 的端口及端口之间的连接关系：$port\text{-}of(t_1, PM_1)$、$port\text{-}of(t_2, PM_1)$、$port\text{-}of(t'_2, P_5)$、$port\text{-}of(t_3, P_5)$、$connected(t_2, t'_2)$。得到的超部件 PMP 的端口：$port\text{-}of(t_1, PMP)$、$port\text{-}of(t_3, PMP)$。

依次考察 PMP 所有可能的行为模式，并动态更新集合 BM_c。

对 于 ①⑤，$pmp(PMP, t_1, t_3) \wedge BMpmp_1(PMP) \rightarrow \Delta FlowValue(t_1, t_2)=0 \wedge \Delta FlowValue(t_1, F_k)=0 \wedge \Delta FlowValue(t'_2, t_3)=0$，根据 $port\text{-}of(t_2, PM_1)$、$port\text{-}of(t'_2, P_5)$、$connected(t_2, t'_2)$，得到 $pmp(PMP, t_1, t_3) \wedge BMpmp_1(PMP) \rightarrow \Delta FlowValue(t_1, t_3)=0 \wedge \Delta FlowValue(t_1, F_k)=0$，即得到 PMP 的第一个行为模式 $BMpmp_1$：$\Delta FlowValue(t_1, t_3)=0 \wedge \Delta FlowValue(t_1, F_k)=0$。$BM_c$ 初始时为空，即不存在与该行为模式不可区分的行为模式，故更新 $BM_c=\{BMpmp_1\}$。

同理，对于②⑤、③⑤、④⑤情况进行同样处理，得到 $BM_c=\{BMpmp_1, BMpmp_2, BMpmp_3, BMpmp_4\}$，其中 $BMpmp_2$：$\Delta FlowValue(t_1, t_3)=0 \wedge \Delta FlowValue(t_1, F_k)=+$，$BMpmp_3$：$\Delta FlowValue(t_1, t_3)=0 \wedge \Delta FlowValue(t_1, F_k)=-$，$BMpmp_4$：$\Delta FlowValue(t_1, t_3)=+$。

对于①⑥，$pmp(PMP, t_1, t_3) \wedge BMpmp_5(PMP) \rightarrow \Delta FlowValue(t_1, t_3)=+ \wedge \Delta FlowValue(t_1, F_k)=0$，得到 PMP 的行为模式 $BMpmp_5$：$\Delta FlowValue(t_1, t_3)=+ \wedge \Delta FlowValue(t_1, F_k)=0$，经过检查，$BMpmp_5$ 为 BM_c 集合中的行为模式 $BMpmp_4$ 的超集，故 $BMpmp_5$ 不予保存，BM_c 保持不变。

同理对于②⑥、③⑥、④⑥情况与①⑥相同，最后得到 $BM_c=\{BMpmp_1, BMpmp_2, BMpmp_3, BMpmp_4\}$，即得到超部件 PMP 的四种行为模式。

算法 HirechicalProcess 的正确性显然。从该算法中看到，初始时生成了系统最基本层相互连接的部件对应的可能的抽象算子，只要系统部件数目大于 1，则循环必然得到执行。而每执行循环一次，都有多于一个部件聚合成一个超部件，并且对于生成了不同于基本部件类型的超部件或生成了不同于上几层系统的连接方式的情况，算法都向算子库中定义了新算子。因此，随着循环次数的增加，系统的部件数目必然逐次减少，同时，也能保证算子库始终对系统的整个分层是完备的。所以可以说算法 HirechicalProcess 必然生成系统的抽象分层表示，并且终止于只含有一个超部件的系统。

下面利用算法 HirechicalProcess 对图 2.3 所示的系统进行抽象分层。

首先找到系统中相连的部件元组集合如下：

$<\mathrm{PM}_1, P_5, s>$，$<P_5, \mathrm{TW}_1, s>$，$<P_1, V_1, s>$，$<V_1, P_2, s>$，$<P_3, V_2, s>$，$<V_2, P_4, s>$，$<\mathrm{TW}_1, P_1, P_3, s>$，$<\mathrm{TW}_2, P_2, P_4, s>$，$<\mathrm{TW}_2, P_6, s>$

在部件元组集合中删除部件类型和连接方式相同的元组得到互不相同的四个元组：$<\mathrm{PM}_1, P_5, s>$、$<P_5, \mathrm{TW}_1, s>$、$<V_1, P_2, s>$、$<\mathrm{TW}_1, P_1, P_3, s>$。故初始时动态生成的三个算子库为

$$\varOmega = \left\{ \omega_{\mathrm{pumppipe}}, \omega_{\mathrm{pipethree\text{-}way}}, \omega_{\mathrm{pipevalve}}, \omega_{2\mathrm{pipethree\text{-}way}} \right\}$$

$$\varSigma = \left\{ \sigma_{\mathrm{pumppipe}}, \sigma_{\mathrm{pipethree\text{-}way}}, \sigma_{\mathrm{pipevalve}}, \sigma_{2\mathrm{pipethree\text{-}way}} \right\}$$

$$\varLambda = \left\{ \lambda_{\mathrm{pumppipe}}, \lambda_{\mathrm{pipethree\text{-}way}}, \lambda_{\mathrm{pipevalve}}, \lambda_{2\mathrm{pipethree\text{-}way}} \right\}$$

图 2.9（a）和图 2.9（b）中给出了按照部件的不同聚合顺序得到的系统的不同抽象分层表示，以感知层算子的运算为例说明如下。

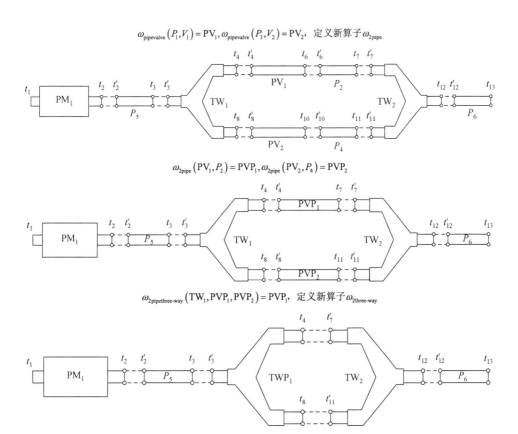

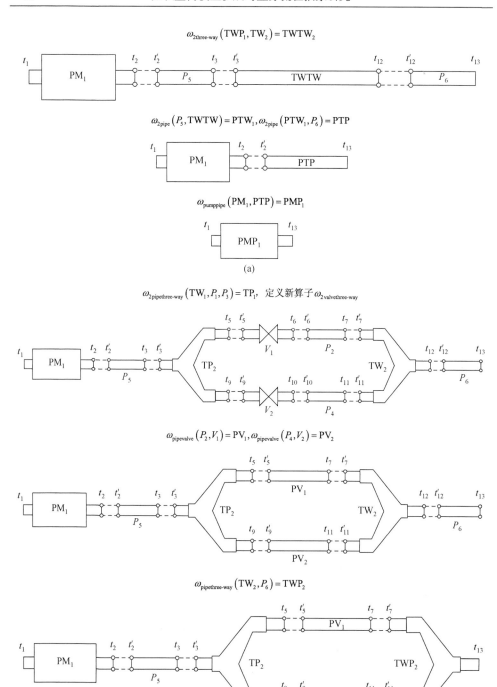

(a)

$\omega_{2\text{three-way}}\left(\text{TWP}_1,\text{TW}_2\right)=\text{TWTW}_2$

$\omega_{2\text{pipe}}\left(P_5,\text{TWTW}\right)=\text{PTW}_1,\omega_{2\text{pipe}}\left(\text{PTW}_1,P_6\right)=\text{PTP}$

$\omega_{\text{pumppipe}}\left(\text{PM}_1,\text{PTP}\right)=\text{PMP}_1$

$\omega_{2\text{pipethree-way}}\left(\text{TW}_1,P_1,P_3\right)=\text{TP}_1$，定义新算子$\omega_{2\text{valvethree-way}}$

$\omega_{\text{pipevalve}}\left(P_2,V_1\right)=\text{PV}_1,\omega_{\text{pipevalve}}\left(P_4,V_2\right)=\text{PV}_2$

$\omega_{\text{pipethree-way}}\left(\text{TW}_2,P_6\right)=\text{TWP}_2$

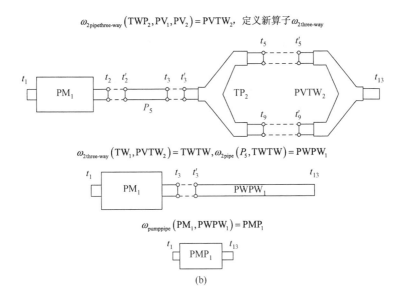

$$\omega_{2\text{pipethree-way}}\left(\text{TWP}_2, \text{PV}_1, \text{PV}_2\right) = \text{PVTW}_2, \text{ 定义新算子 } \omega_{2\text{three-way}}$$

$$\omega_{2\text{three-way}}\left(\text{TW}_1, \text{PVTW}_2\right) = \text{TWTW}, \omega_{2\text{pipe}}\left(P_5, \text{TWTW}\right) = \text{PWPW}_1$$

$$\omega_{\text{pumppipe}}\left(\text{PM}_1, \text{PWPW}_1\right) = \text{PMP}_1$$

(b)

图 2.9　不同部件聚合顺序得到的不同的系统分层过程

本节介绍的 KRA 模型框架以及分层抽象的形式化描述过程是第 3 章内容中业务流程一般抽象模型构建的基础内容和前提。

2.2　G-KRA 模型

本节简单介绍作者在文献[53]中提出的 G-KRA 模型框架的基本概念，为后面章节中扩展的流程抽象模型打下基础。

感知过程 $\mathcal{P}$ 选择世界 W 中的哪些对象作为构成感知 P 的元素，取决于对世界 W 进行的具体的任务要求。也就是说，不同的感知者（agents）对于同一个待感知世界，可能给出不同的感知过程，同理得到对同一世界的不同的感知内容，这种感知的变化类似于人们戴上不同颜色的墨镜观察周围世界而获得不同的信息。笔者认为这可以看成对世界 W 的一种约简，这种约简不局限于对 W 构成元素（或者称为对象）的类型选择标准差异，同时也包括各种类型元素所拥有的信息选择标准差异，由于存在这种依情况而变化的约简，KRA 模型框架中的感知阶段不够一般化。

因此，作者对 KRA 模型的感知阶段进行扩展定义，将感知过程分为初步感知过程 $\mathcal{P}$ 和抽象感知过程 $\mathcal{P}^*$ 两个部分，初步感知过程是一个一般化阶段，是对真实世界 W 进行第一步操作，根据要完成的任务感知 W 中的对象，形成 W 的初步感知 P。初步感知阶段要求尽量减少约简要求，使其能够一般化地描述，满足尽量多的任务需求。抽象感知过程因感知者的推理要求不同而不同，在抽象感知过程的作用下，P 中的具体对象映射为感知者事先定义的抽象对象库 O_a 中的对象类型，得到新的感知 P^*，从而构造适应于不同推理需要的抽象模型，完成各种推理任务。

这部分将上述扩展过程与 Saitta 和 Zucker 定义的感知层抽象算子的作用过程进行区别，说明二者的不同。KRA 抽象模型可以看成是本书提出的广义 KRA 抽象模型的一个特例，当感知者定义的抽象对象库 O_a 中的对象类型与初步感知过程得到的对象类型相同时，广义 KRA 模型转化为 Saitta 和 Zucker 定义的 KRA 模型。

在对 KRA 模型扩展之前，先引入一个简单的例子，如例 2.1 所示，并在 KRA 模型框架下对其进行抽象表示。

例 2.1　考虑图 2.10 所示的一个待表示的世界 W：在 $l \times w$ 的一面墙上有三个开关和三盏灯，本例虽然简单，但是能够形象地展示 KRA 模型框架中的各个部件。

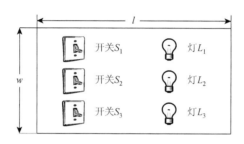

图 2.10　一个待表示的世界 W

某一感知者关注于图 2.10 中墙上的三个开关和三盏灯之间的控制关系，因此可以通过特定的感知过程得到这个简单世界 W 的表示框架为 $R_g=(P_g, D_g, L_g, T_g)$，$P_g=(\mathrm{OBJ}_g, \mathrm{ATT}_g, \mathrm{FUNC}_g, \mathrm{REL}_g, \mathrm{OBS}_g)$，具体如下：

$\mathrm{OBJ}_g=\{\mathrm{SWITCH, LAMP}\}$

$\mathrm{ATT}_g=\{\mathrm{Objtype}: \mathrm{OBJ}_g \to \{\mathrm{switch, lamp}\}, \mathrm{Coordinate}: \mathrm{OBJ}_g \to (X, Y), X \in [0, l]$, $Y \in [0, w]$, $\mathrm{State}: \mathrm{SWITCH} \to \{\mathrm{on, off}\}, \mathrm{LAMP} \to \{\mathrm{light, lightless}\}\}$

$\mathrm{FUNC}_g=\{\mathrm{Control}: \mathrm{SWITCH} \to \{\mathrm{turnon, turnoff}\}\}$

$\mathrm{REL}_g=\{\mathrm{connected} \subseteq \mathrm{SWITCH} \times \mathrm{LAMP}\}$

$\mathrm{OBS}_g=\{S_1, S_2, S_3, L_1, L_2, L_3, (\mathrm{Objtype}(S_1)=\mathrm{switch}, \cdots, \mathrm{Objtype}(L_1)=\mathrm{lamp}, \cdots)$, $(\mathrm{Coordinate}(S_1)=(a_1, b_1), \cdots), (\mathrm{State}(S_1)=\mathrm{on}, \cdots), (\mathrm{connected}(S_1, L_3), \cdots)\}$

基本感知中的所有值存储在结构数据库 S_g 中，S_g 中包含以下表：TableObj=(obj, objtype, coordinate, state)，描述 W 中的对象及属性；TableConnected=(obj, obj)，描述哪些对象互相连接。

两个表的内容分别如表 2.7 和表 2.8 所示。

表 2.7　S_g 中包含的表 TableObj

对象 obj	对象类型 objtype	坐标 coordinate	状态 state
S_1	switch	（1，5）	on
S_2	switch	（1，3）	off
S_3	switch	（1，1）	on
L_1	lamp	（3，5）	light
L_2	lamp	（3，3）	lightless
L_3	lamp	（3，1）	lightless

表 2.8　S_g 中包含的表 TableConnected

对象 obj	对象 obj
S_1	L_3
S_2	L_2
S_3	L_1

逻辑语言 L_g 定义如下，$L_g=(P_g, F_g, C_g)$，这里 P_g 是一个谓词的集合，$P_g=\{\text{state}(x, s), \text{connected}(x, y), \cdots\}$，$F_g$ 是一个函数集合，$F_g=\{\text{Control}\}$，C_g 是一个常量集合，$C_g=\{S_1, S_2, S_3, L_1, L_2, L_3, \text{turnon, turnoff, on, off, light, lightless}\}$。$L_g$ 中的谓词集合的语义由结构数据库 S_g 中的表提供。函数集合 F_g 中的 Control 函数对应于对象类型 SWITCH 的操作模式，转换开关的状态。

理论 T_g 包含 W 中各个对象的基本性质描述及对象间的连接或控制描述，如对象 S_1 的性质描述如下：

switch(S_1) $\Leftrightarrow$ coordinate(S_1, $<x, y>$) $\land x \in [0, l] \land y \in [0, w] \land$ (state(S_1, on) $\lor$ state(S_1, off))

开关 S_1 和灯 L_3 之间的连接描述如下：

connected(S_1, L_3) $\Leftrightarrow$ switch(S_1) $\land$ lamp(L_3) $\land$ (state(S_1, on)$\rightarrow$state(L_3, light)) $\land$ (state(S_1, off)$\rightarrow$state(L_3, lightless))

下面引用 KRA 模型对感知的表示来定义初步感知 P。

定义 2.6（初步感知）　一个初步感知 P 是一个五元组，即 P=(OBJ, ATT, FUNC, REL, OBS)，OBJ 中包含 W 中的对象类型，ATT 表示对象的属性的类型，FUNC 确定一个函数集，REL 是对象类型间的关系集合。对客观世界 W 的初步感知 P 的获取过程称为初步感知过程 $\mathcal{P}$，即 $P=\mathcal{P}(W)$。

初步感知是对世界 W 的第一步映射，与具体的感知者有关。初步感知得到的对象类型为实体对象的自然类型，其属性为自然属性。初步感知过程可以说是一个单纯的直觉上的感知，是对 W 最直观的映射，其中包含的信息量是感知者根据一定的任务需求确定的。虽然不同的感知者或者同一感知者针对不同的任务需求确定的对同一世界的初步感知会有所差异，但是初步感知与 Saitta 和 Zucker 的 KRA 模型中的感知不同的是，初步感知确定的构成元素更具直观性，更少约简性，尽量完备地反映构成 W 的元素的所有信息，并且尽量削弱因感知者或任务需求不同带来的感知不同，从而提高初步感知的一般性。例如，例 2.1 中对灯的感知类型为 lamp，其属性 state=light 表示灯处于亮状态，显然感知者关注于灯的状态以及开关与灯的连接关系，这时可以称这个感知者的感知过程是特定的。若要更加详细地描述灯的自然属性，则可以增加 material=glass 表示灯的材料为玻璃，power=20W 表示灯的功率为20W 等。包含灯的自然属性越多，说明感知者或者任务需求越具有一般性，当感知中包含了灯的所有自然属性（这是一种极端情况，仅具有理论性）时，这时可以称这个感知者的感知过程是完备的，初步感知在这种情况下可以被一般化地定义。

定义 2.7（抽象感知）　令 P 是一个初步感知，A 是一个感知者，O_a 是 A 定义的抽象类型对象库，定义 $P^*=\delta_a(P, O_a)$ 为感知者 A 的一个抽象感知，其中 δ_a 表示抽象感知映射。对初步感知 P 的抽象感知获取过程称为抽象感知过程 $\mathcal{P}^*$，即 $P^*=\mathcal{P}^*(W)$，抽象感知过程是通过对初步感知和抽象类型对象库进行 δ_a 映射实现的。

由于感知者对 W 进行的任务需求不同，所以在初步感知中对 W 中的对象属性、对象的功能以及对象之间的连接等描述的程度也有所不同，即实际的初步感知都不具备完备的一般性。虽然如此，但是初步感知并不改变 W 中对象的自然属性。而从定义 2.7 中可以看出，当感知者确定了某个（些）任务需求并给定了抽象对象类型库 O_a（比初步感知 P 中构成元素的自然类型更抽象的对象类型）后，利用抽象感知映射 δ_a 得到的新的感知 P^* 中的对象已经不再是初步感知中直观感知到的对象，而是感知者自定义的适应于某个（些）任务需求的新的更抽象的对象。由于 W 中的多个对象有可能映射为同一类型的抽象对象，所以该过程是不可逆的。P^* 的内容与感知者定义的抽象对象类型库 O_a 和抽象感知映射 δ_a 直接相关。

定义 2.8（广义 KRA 表示框架 R^*）　给定任一初步感知 P、抽象对象库 O_a 和抽象感知映射 δ_a，一个广义 KRA 表示框架 R^* 是一个四元组（P^*, S^*, L^*, T^*），其中 $P^*=\delta_a(P, O_a)$ 是一个抽象感知，S^* 是结构数据库，L^* 表示语言，T^* 为理论。

考虑两个广义表示框架 $R_g^*=(P_g^*, S_g^*, L_g^*, T_g^*)$ 和 $R_a^*=(P_a^*, S_a^*, L_a^*, T_a^*)$，称 R_g^* 为一个基本框架。一旦给定 P_g^*，就可以通过为适当的变量集（对象、属性、函数中的对偶、关系中的元组）分配值得到任意特定的系统。所有这些变量的一个值的分配称为一个配置 γ_g^*，令 Γ_g^* 为所有可能的基本配置集合。同样地，令 Γ_a^* 为所有可能的抽象配置集合。在广义 KRA 表示框架下定义抽象如下。

定义 2.9（抽象）　给定两个初步感知 P 上的广义表示框架 R_g^* 和 R_a^*，如果存在一个映射 $\Gamma_g^* \rightarrow \Gamma_a^*$，该映射将 Γ_g^* 的一个子集与 Γ_a^* 的单个元素关联，则称 R_a^* 比 R_g^* 更抽象。

注意两个表示框架 R_g^* 和 R_a^* 是定义在同一个初步感知上的，类似于在 KRA 模型中将两个表示框架 R_g 和 R_a 定义在一个 W 上，但是 R_g^* 和 R_a^* 所对应的抽象对象库以及抽象感知映射不一定相同。广义 KRA 抽象模型将抽象定义在两个表示框架之间，而不是单一的对象之间，直观地看，该定义表明抽象实现了某种信息聚合，简化了表示和推理。KRA 抽象模型在各层引入了抽象算子，将抽象过程看成各层抽象算子的运算过程，Saitta 和 Sucker 对这样定义抽象的局限性和优点进行了阐述，这些算子也可以应用到广义 KRA 模型中。

这部分对 KRA 模型表示框架的扩展是在表示世界的第一步感知中进行的，表示框架中的其他三个部分的扩展是对应的。该扩展过程与 KRA 模型中的感知层抽象算子集的作用过程不同，KRA 模型在感知层定义的抽象算子 ω_{ind} 和 ω_{ta} 作用于感知对象，与扩展作用对象相同，下面分析二者的不同。ω_{ind} 确定了一组不可区分的对象。在该抽象算子的作用下，相同类型的对象将映射为一个对象，如例 2.1 中的开关 S_1、S_2 和 S_3 将被映射为一个 switch 型对象 S。ω_{ta} 将一组基本对象聚合成一个新的对象，原始的对象消失。如例 2.1 中开关 S_1 和灯 L_3 聚合成一个新的对象 SL_{13}，实现可控灯的功能。本书提出的抽象感知过程是将初步感知过程中生成的对象转化成新的抽象对象，实质上是抽取对象的某些感兴趣的性质或功能，生成更为抽象的对象，从而简化模型表示和推理。这种转化可能发生在类型相同的对象上，也可能发生在类型不同的对象上，并且在转化过程中并没有删除某个对象。

用图 2.11 表示广义 KRA 抽象模型的表示框架及抽象过程，其中 ω，σ，λ 对应于 KRA 模型中的三个抽象算子。

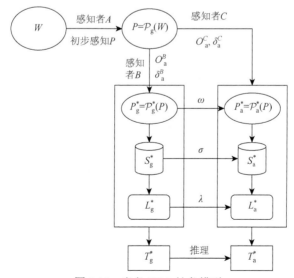

图 2.11　广义 KRA 抽象模型

例 2.2　例 2.1 所示的表示可以看成是对图 2.10 所示的世界 W 的一个初步感知 P，注意，由于不同的感知者定义的初步感知过程不同，初步感知也有可能不同，即这里假设对世界 W 的初步感知是特定的。设 O_a 为某一感知者 A 定义的抽象对象库，具体内容如表 2.9 所示。

表 2.9　抽象对象库 O_a

对象类型 ObjType$_a$	属性 Att$_a$
Object	Coordinate(x, y), $X \in [0, l]$, $Y \in [0, w]$

从这个抽象对象库可以看出，感知者 A 仅对构成感知 P 的对象的坐标属性感兴趣，这里可以想象 A 是一个墙壁粉刷工人，进行墙壁粉刷时只要知道墙上的物体位置即可，其他自然属性可以被约简掉。因此，在抽象感知过程的作用下，只要初步感知 P 中的对象具有坐标的属性，则可以重构成类型为 Object 的抽象对象，此时得到抽象感知 $P_g^* = (\mathrm{OBJ}_g^*, \mathrm{ATT}_g^*, \mathrm{FUNC}_g^*, \mathrm{REL}_g^*, \mathrm{OBS}_g^*)$，具体如下：

$\mathrm{OBJ}_g^* = \{\mathrm{OBJECT}\}$

$\mathrm{ATT}_g^* = \{\mathrm{Objtype}: \mathrm{OBJ}_g^* \to \{\mathrm{Object}\}, \mathrm{Coordinate}: \mathrm{OBJ}_g^* \to (X, Y), X \in [0, l], Y \in [0, w]\}$

$\mathrm{FUNC}_g^* = \{\mathrm{Distance}: \mathrm{OBJECT} \times \mathrm{OBJECT} \to \mathbf{R}^+\}$

$\mathrm{REL}_g^* = \{\}$

$\mathrm{OBS}_g^* = \{S_1, S_2, S_3, L_1, L_2, L_3, (\mathrm{Objtype}(S_1) = \mathrm{object}, \cdots), (\mathrm{Coordinate}(S_1) = (a_1, b_1), \cdots)\}$

抽象感知中的所有值存储在结构数据库 S_g^* 中，S_g^* 中包含表 TableObj*=(obj, objtype, coordinate)，描述 W 中的对象及属性，如表 2.10 所示。

表 2.10　数据库 S_g^* 中包含的表 TableObj*

对象 obj	对象类型 objtype	坐标 coordinate
S_1	object	（1，5）
S_2	object	（1，3）
S_3	object	（1，1）
L_1	object	（3，5）
L_2	object	（3，3）
L_3	object	（3，1）

逻辑语言 L_g^* 定义：$L_g^* = (P_g^*, F_g^*, C_g^*)$。这里，$P_g^*$ 是一个谓词的集合，$P_g^* =$

$\{object(x)\}$；F_g^* 是一个函数集合，$F_g^* = \{Distance\}$；C_g^* 是一个常量集合，$C_g^* = \{S_1, S_2, S_3, L_1, L_2, L_3\}$。$L_g^*$ 中的谓词集合的语义由数据库中的表提供。函数集合中的 Distance 函数可以用来计算对象与对象之间的距离。

理论 T_g^* 包含 P 中各个对象的基本性质描述及对象间的连接或控制描述，如对象 S_1 的性质描述如下：

$$object(S_1) \Leftrightarrow coordinate(S_1, <x, y>) \wedge x \in [0, l] \wedge y \in [0, w]$$

在抽象感知过程的作用下，只保留了图 2.10 所示 W 中的对象的某些属性，表示成具有更加抽象类型的对象，得到了抽象度更高的模型，简化了存储。

2.3　域扩展的 G-KRA 模型

这部分扩展广义 KRA 模型中的基本感知过程 $\mathcal{P}$ 为多重感知过程 MP，根据 W 中对象所属域不同生成多重域抽象模型。同时定义不同域抽象模型之间的域关系，建立多重模型之间的连接。扩展后的 G-KRA 模型丰富了 W 的模型表示，使对象感知由平面感知变为立体感知，应用多种领域知识生成相互关联的不同的域模型，增强了模型的推理能力。

2.3.1　多重感知 MP

构成客观世界 W 的对象实体在不同的情况下可能存在多种不同的行为表现，这些情况可能是某些条件的转变，也可能是某种实体角色的转变，这里将其统称为"域"的改变。感知 W 中存在的多重"域"，可以建立同一客观世界的多角度模型，扩展知识的广度，为推理提供全方位指导。

定义 2.10（多重感知 MP）　多重感知定义为一个五元组，其框架描述如下：
$MP = \{OBJ, D, ATT, FUNC, REL\}$，其中

$OBJ = \{TYPE_i \mid 1 \leqslant i \leqslant N\}$

$D = \{D_i : TYPE_i \to \Delta_i \mid 1 \leqslant i \leqslant M\}$

$ATT = \{A_k : TYPE_k \to \Lambda_k \mid 1 \leqslant k \leqslant L\}$

$FUNC = \{f_h : TYPE_{ih} \times d_i \times TYPE_{jh} \times d_j \times \cdots \to C_h \mid d_k \in D_{kh}, D_{kh} \in D, 1 \leqslant h \leqslant S\}$

$REL = \{r_t \subseteq TYPE_{it} \times TYPE_{jt} \mid 1 \leqslant t \leqslant R\}$

OBJ 表示对 W 中的对象进行感知，与 G-KRA 模型基本感知中的 OBJ 集合不同，多重感知 MP 考虑各个对象可能参与的领域活动，同时为了实现某个（些）对象的多领域行为建模，在此感知的对象除了结构上构成 W 的实体外，可能会增

加 W 的非构成实体以共同完成此类对象的跨域行为，这里称为辅助对象。如巡逻机与地面指挥中心通信需要利用空气为载体进行信号传递。

D 为待表示世界 W 中的对象类型可能存在的"域"集合。如空中飞行的巡逻机，其飞行行为涉及动力学、机械学等领域，而其不断地与地面指挥中心进行通信的行为同时又涉及声学等领域；再如，某种电阻部件，当其温度超过一定值时，转变为电阻值趋于零的导体部件，功能发生了变化，等等。因此，这里定义的"域"表示客观世界 W 的对象实体可能存在多种不同行为表现的各种情况集合，是一个广义上的概念。

ATT 表示所有感知对象具备的属性的集合。

FUNC 确定了某些感知对象在不同领域内的函数集，用以表示对象的行为。

REL 表示感知对象实体之间的关系集合，包括域内实体之间和不同域内实体之间的关系。

例 2.3 一个由电池、导线和灯泡构成的简单的待表示世界 W，如图 2.12 所示，三者属于电子领域内部件，工作模式为电池作为能量源，通过导线为灯泡提供电能，使得灯泡发光。同时，灯泡作为热能领域中的能源对象向周围环境放出热量，为了实现热能领域模型，加入辅助对象空气 A 和环境 E 以完成 W 在该域内的行为。

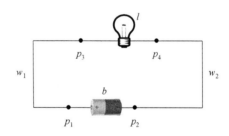

图 2.12 一个简单的待表示世界 W

OBJ=COMP$\cup${PORT}, COMP={BATTERY, WIRE, LIGHT, AIR, ENV}

D={Domain: Comp$\rightarrow${EL,TH}}

ATT={Objtype: OBJ$\rightarrow${battery, wire, light, air, env}, Direction: PORT$\rightarrow${in, out}, $\cdots$}

FUNC={Bbattery$_i$: BATTERY$\times D_i$(BATTERY)$\rightarrow${bbattery$_{i1}$, bbattery$_{i2}$, $\cdots$}, Bwire$_j$: WIRE$\times D_j$(WIRE)$\rightarrow${bwire$_{j1}$, bwire$_{j2}$, $\cdots$}, Blight$_k$: LIGHT$\times D_k$(LIGHT)$\rightarrow${blight$_{k1}$, blight$_{k2}$, $\cdots$}, Bair$_t$: AIR$\times D_t$(AIR)$\rightarrow${bair$_{t1}$, bair$_{t2}$, $\cdots$}, Benv$_m$: ENV$\times D_m$(ENV)$\rightarrow${benv$_{m1}$, benv$_{m2}$, $\cdots$}}

REL={port-of$\subseteq$PORT$\times$COMP, connected$\subseteq$PORT$\times$PORT}

从对 W 的多重感知可以看出，构成 W 的实体对象类型有电池部件（BATTERY）、电线部件（WIRE）、灯部件（LIGHT），辅助对象有空气实体（AIR）和环境实体（ENV），完成对象间信息通信的是端口实体（PORT）。多重感知过程识别出 W 中包含的两个工作域：EL（electrical）和 TH（thermal）。电池部件和电线部件工作在 EL 域上，空气实体和环境实体工作在 TH 域上，而灯部件同时工作在两个域上。这里讨论的世界比较简单，只包含一种类型的域，即 Domain，如果在 W 中加入一个控制实体——开关部件（SWICH），则增加域类型 State，取值集合为{open,closed}，作为此种类型部件的状态。各种部件在不同的域条件下拥有不同的行为模式，FUNC 集合定义了这些行为模式，如 Bbattery_i，表示电池部件在域 D_i（BATTERY）上的行为模式集合，本例假设电池部件只工作在域 EL 上，则 $i=\{1\}$，即电池部件只存在域 EL 上的行为模式集合 Bbattery；而灯部件同时工作在域 EL 和 TH 上，则 $i=\{1,2\}$，即灯部件存在域 EL 和域 TH 两个行为模式集合 Blight_1 和 Blight_2。

灯部件一方面在域 EL 中作为电阻导体来传导电流，这里称为电行为；另一方面在域 TH 中，当灯部件有电流通过时，即可通过空气载体向周围环境散发热量，这里称为热行为。为了分别建立 W 在两个领域的抽象模型，可以生成跨领域对象的副本，这里称为虚拟对象。同时引入必要的虚拟端口对象，建立实际系统对象与虚拟对象之间虚拟连接。由此，生成了图 2.13 所示的 W 的多重域抽象模型，其中 l' 表示 l 的副本，即 l 的虚拟对象，其工作领域为 TH，$p_5 \sim p_{10}$ 为虚拟端口，DR 表示域间关系。

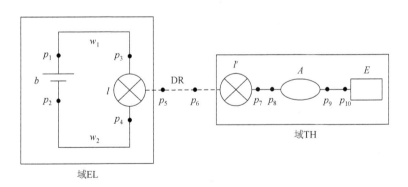

图 2.13　W 的多重域抽象模型

2.3.2　域间关系 DR

W 的多重域模型之间存在着不同的域间关系，如图 2.13 所示的两个域抽象模型，其连接对象为工作在不同域的同一实体，即灯泡 l，只有当有电流通过 l 时，灯泡才可能散发热量，也即虚拟对象 l' 才能在域 TH 中正常工作。

本节根据不同域间具体的连接对象，将域间关系 DR 广义化为两类。

1. $DR_1: OBJ(W_i) \bigcap OBJ(W_j) = \varnothing$

DR_1 表示当 W 的多重域模型 W_i 和 W_j 中的构成对象交集为空（即 W_i 和 W_j 中不存在有跨域行为的实体）时，域模型 W_i 和 W_j 之间存在的域关系。如假想一个由计算机程序和人构成的对某一具体活动（如股票行情、税收统计）的数据分析系统，可以把计算机程序看成一个域，其构成对象为程序元素，行为可以解释为接收数据—运行—生成数据；而人则代表另一个域，其构成对象为某一具体领域内的知识，行为可以解释为接收数据—运用领域知识得到分析结果。多个工作在独立域上的对象集合构成的子系统之间通过共享数据集建立域间关系。

2. $DR_2: OBJ(W_i) \bigcap OBJ(W_j) = obj \neq \varnothing$

DR_2 则表示 W 的多重域模型 W_i 和 W_j 中的对象实体存在跨域行为，即同一对象同时工作在多个不同的域内。还可以进一步把这种情况分成两种，设 $C_k \in obj$。

（1）C_k 在 W_1 和 W_2 中具有不同的功能模式。表示跨域对象工作在不同的功能模式下，即该对象在多个域内扮演不同的功能角色，如例 2.3 中的灯部件，在电子领域其相当于电阻导体的角色，而在热能领域则扮演热源角色。此时，跨域对象在整个 W 中可以分为主要角色（控制角色）和次要角色（被控角色），其所在的域则分别为主要域和次要域。主要角色和次要角色之间存在某种连接关系，称为控制关系，如例 2.3 中灯部件的电阻导体角色为主要角色，而热源角色则为次要角色，电阻导体是否有电流通过决定了热源是否释放热量。

Chittaro 等[71]定义的功能角色之间的关系体现了这种域关系，定义系统中部件的功能角色是对控制部件行为的物理等式的解释，并定义了九种功能角色，同时确定了功能角色之间的关系：①相互依赖关系，进一步分为直接相互依赖和间接相互依赖关系；②影响关系。

（2）C_k 在 W_1 和 W_2 中具有不同的操作模式。表示跨域对象工作在不同的操作模式下，即该对象在多个域中具有不同的操作模式，如开关对象、阀门对象等。此时多种操作模式之间存在某种连续或非连续的转换关系，通过这种关系可以建立不同域模型之间的域关系。同一对象的两种模式之间通过预定义的切换关系，实现了对象角色的转变，导致了基于该对象的两种不同工作模式的关联域模型的生成。

由此，可以得到域扩展后的 G-KRA 模型的框架表示，如图 2.14 所示。

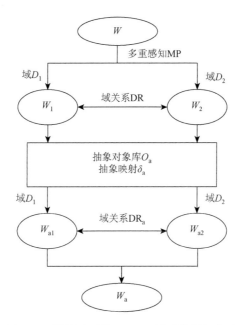

图 2.14　域扩展后的 G-KRA 模型的框架表示

第 3 章　业务流程模型与抽象相关概念

本章内容主要引自于文献[48]，首先介绍本书采用的业务流程模型概念，引入了一种流程分解方法；然后概述了有关业务流程模型抽象的相关概念，重点强调了保序的业务流程模型抽象定义，并指出了本书研究的抽象用例类型。

3.1　业务流程模型相关概念

3.1.1　流程模型

首先，给出 Smirnov 的关于业务流程模型的概念。

定义 3.1（业务流程模型）[48]　一个元组 PM=(A, G, F, t, s, e) 称为一个业务流程模型，其中：

（1）A 是行为的有限非空集合；

（2）G 是 gateway 的有限集合；

（3）$N=A \cup G$ 是节点的有限集合，且 $A \cap G=\varnothing$；

（4）$F \subseteq N \times N$ 表示流关系，使得（N, F）是一个连接图；

（5）每个行为至多有一个入边，至多有一个出边；

（6）s 是唯一没有入边的行为，即起始行为，e 是唯一没有出边的行为，即终止行为；

（7）$t: N_G \rightarrow \{\text{and}, \text{xor}\}$ 是为每个 gateway 分配控制流构件的函数；

（8）每个 gateway 表示一个 split 或 join，其中 split 只有一个入边和至少两个出边，join 至少有两个入边和只有一个出边。

流程模型的执行语义通过转化成通用形式的 Petri 网[73, 74]给出。由于一个流程模型有一个特定的开始行为和一个特定的结束行为，所以得到的 Petri 网是一个业务流程网 WF-net。所有网关都是 and 或者 xor 类型，使得 WF-net 为一个自由选择（free choice），详见文献[48]。图 3.1 展现了一个流程模型的例子。该模型描述了"预测请求处理"业务流程，可以映射为一个合理的自由选择业务流程网，详见文献[48]。

这里引用多输入边的网关作为 join，多输出边的网关作为 split。在图 3.1 中，观察到左边的网关是 XOR split，而右边的网关则是 XOR join。最后，引入短路流程模型的概念。给定一个流程模型 PM，通过从结束行为 e 导向开始行为 s 的返回边的引入获得相应的短路流程模型。例如，如果从行为 Issue report 添加一条边到行为 Receive forecast request，可以得到一个短路流程模型。

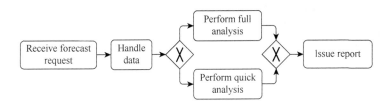

图 3.1　一个流程模型的例子

3.1.2　流程模型分解

根据后面章节涉及的内容，在这里仅介绍具有单入节点和单出节点的流程片段分解，即细化的流程结构树（refined process structure tree，RPST）分解方法。

首先，引入文献[48]和[75]中更为详细的"生成预测报告"业务流程的例子，本书在此对该流程进行了简化修改，以便后续章节使用，如图 3.2 所示。该简化流程由 10 个行为、4 个子流程构成（每个子流程中包含的行为用不同深浅底纹颜色标识），具体如表 3.1 所示。

"生成预测报告"业务流程描述如下。

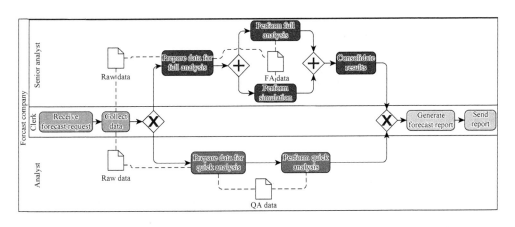

图 3.2　简化后的流程实例：生成预测报告

表 3.1　图 3.2 中的流程模型细节描述

Receive forecast request	a	S_1	Prepare data for quick analysis	g	S_3
Collect data	b		Perform quick analysis	h	
Prepare data for full analysis	c	S_2	Generate forecast report	i	S_4
Perform full analysis	d		Send report	j	
Perform simulation	e				
Consolidate results	f				

一旦业务员收到预测请求的 E-mail，则预测请求处理开始。一收到请求，业务员则要求为预测收集数据。然后，业务员记录请求，并且一直等到请求的数据可用。业务员存档收到的数据，从预测处理的角度有两个可以选择的演变：第一个演变是由分析员进行快速分析，包括数据准备步骤和快速分析本身；流程的第二个演变由一个"完整的"数据分析和一个辅助的模拟组成。在这种情况下，一个高级分析师建立了一个预测。高级分析师首先为完整分析准备数据，所准备的数据用来作为完全成熟的数据分析和模拟的输入。分析和模拟的结果被合并。不管选择什么分析类型，业务员总是对业务流程进行总结，生成预测报告，并且将其发送给客户。

定义 3.2（流程模型片段）[48]　令 PM=(A, G, F, t, s, e) 是一个流程模型。流程模型 PM 的片段是一个元组 f=(A_f, G_f, F_f, t_f)，其中($A_f \cup G_f, F_f$)是图($A \cup G, F$)的一个连接子图，函数 t_f 是对 PM 中的 t 的约束，使得生成集合 G_f。

给定一个流程模型，可以在其中发现大量的片段。一个流程模型可以通过几种方法分解为片段，如文献[76]。然而实际上，只有特殊类的流程模型分解是有价值的。在文献[48]中引入了两种分解类型，第一种类型是分解成单入边和单出边的片段，第二种类型是分解为单入节点和单出节点的片段。这两种分解有几个重要属性。第一，在流程建模上下文中，流程片段可以作为"自包含"的流程部分。由于这种片段只有一个单入节点和一个单出节点，所以可以从结构上将其独立为一个子流程。第二，片段不"交织"（interleave），或者是一个片段完全包含另一个片段，或者是两个片段互不相交。换句话说，根据片段包含关系，每个分解都得到一个流程模型片段的分层结构。在单入/单出边的片段情况下，分解得到一棵流程结构树（process structure tree，PST）[77]，而在单入/单出节点的片段情况下，则得到一棵细化的流程结构树[78]。第三，这样的分解是唯一的。在这种背景下，这两种分解作为分治策略应用于流程模型分析，如文献[24]、[77]～[79]。

根据本书第 4 章内容的需要，在此仅引入第二种分解方法，即 RPST 分解。

RPST 发现单入节点和单出节点的片段，结果是分解更加细化。例如，RPST 直接将块内的分支区分为块的孩子片段。首先，引入边界节点的概念。

定义 3.3（边界节点）[48]　令 PM=(A, G, F, t, s, e)是一个流程模型，其中包含一个流程模型片段 PMF=(A_{PMF}, G_{PMF}, F_{PMF}, t_{PMF})。如果 $\exists e \in \text{in}(n) \bigcup \text{out}(n)$，节点 $n \in N_{PMF}$ 是 PMF 的一个边界节点，其中函数 in(n) 和 out(n) 分别表示节点 n 的入边集合和出边集合。如果 n 是 PMF 的一个边界节点且 $\text{in}(n) \bigcap F_{PMF} = \varnothing$，则 n 是 PMF 的一个入口。如果 n 是 PMF 的一个边界节点且 $\text{out}(n) \bigcap F_{PMF} = \varnothing$，则 n 是 PMF 的一个出口。

考虑图 3.3（a）的例子，发现两个 AND 网关作为片段 B_2 的边界节点，两个 XOR 网关作为片段 B_1 的边界节点。

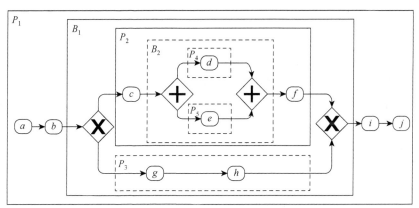

(a) 分解为规范部件的流程模型

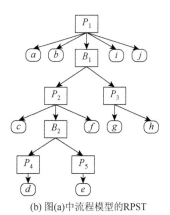

(b) 图(a)中流程模型的RPST

图 3.3　图 3.2 中流程的简化流程模型及对应的 RPST

定义 3.4（部件）[48]　令 PM=(A, G, F, t, s, e)是一个流程模型，其中包含一

个流程模型片段 PMF=(A_{PMF}, G_{PMF}, F_{PMF}, t_{PMF})。片段 PMF 是一个部件，如果它恰好具有两个边界节点：一个入口节点和一个出口节点。

令 F 是流程模型 PM 中的所有部件集合。

定义 3.5（规范部件）[48] 一个部件 PMF=(A_{PMF}, G_{PMF}, F_{PMF}, t_{PMF})是规范的，如果$\forall PMF' \in F : PMF \neq PMF' \Rightarrow (F_{PMF} \bigcap F_{PMF'} = \varnothing \bigvee (F_{PMF} \subset F_{PMF'}) \bigvee (F_{PMF'} \subset F_{PMF}))$。

图 3.3（a）显示了模型中所有的规范部件。给定一个流程模型 PM，用 Ω 表示所有规范部件集合。由于这里流程模型的定义不允许有多输入边和多输出边的节点，所以每个规范部件都被归类到以下四类之一：trivial, polygon, bond 和 rigid。一个 trivial 类型的部件由一条边构成，一个 polygon 类型的部件对应于一个节点或部件序列，一个共享相同边界节点的部件集合构成了一个 bond 类型部件，任意一个其他结构的部件定义为 rigid 类型部件。用 T 表示 trivial 类型部件，用 P 表示 polygon 类型部件，用 B 表示 bond 类型部件，用 R 表示 rigid 类型部件。令 $ft : \Omega \to \{T, P, B, R\}$ 是一个为部件分配类型的函数。在图 3.3（a）中，可以看到 P_1，P_2，P_3，P_4 是 polygon 类型的部件，而 B_1 和 B_2 是 bond 类型部件。如果一个 bond 类型部件的两个边界节点是 AND(XOR)网关，则将其称为一个 AND-(XOR-)网关边界的 bond 部件。注意到图 3.3（a）没有在分解中突出 trivial 部件，即流程模型中的边。最后给出 RPST 的定义。

定义 3.6（RPST）[48] 令 PM=(A, G, F, t, s, e)是一个流程模型。流程模型 PM 的 RPST 是一个树状图 $RPST_{PM} = (\Omega, r, \chi)$，使得：

（1）Ω 是 PM 中的所有规范部件集合；

（2）R 是树中根节点对应的部件；

（3）$\chi \subseteq \Omega \times \Omega$ 是部件和其孩子部件之间的关系。

图 3.3（b）给出图 3.3（a）中的简化流程模型对应的结构分解。

3.1.3　行为文档

前面定义的流程模型概念描述的系统行为可以用行为文档描述[80]。要得到行为文档，可以考虑从开始行为 s 到结束行为 e 的所有完整轨迹（或执行顺序）集合。令 $\mathcal{T}_{PM}$ 是流程模型 PM 的完整的流程轨迹集合，其中包含形式为 sA^*e 的列表，由行为的执行顺序组成。令 $a \in \sigma$ 表示行为 a 是一个完整流程轨迹的一部分，其中 $\sigma \in \mathcal{T}_{PM}$。

行为文档基于行为间的弱序关系。如果流程模型中存在一个轨迹使得一个行为在另一个行为之后发生，那么称这两个行为是弱序关系。

定义 3.7（弱序关系）[48] 令 $PM = (A, G, F, t, s, e)$ 是一个流程模型，$\mathcal{T}_{PM}$ 是它

的轨迹集合。弱序关系 $\succ_{\mathrm{PM}} \subseteq (A \times A)$ 包含所有这样的行为对 (a,b)：在 $\mathcal{T}_{\mathrm{PM}}$ 中存在一个轨迹 $\sigma = n_1, \cdots, n_l$，使得 $j \in \{1, \cdots, l-1\}$，$j < k \leqslant l$，$n_j = a$ 且 $n_k = b$ 成立。

根据流程模型中的两个行为如何通过弱序关系相关联，这里定义三个关系构成行为文档。

定义　3.8（行为文档）[48]　　令 $\mathrm{PM} = (A, G, F, t, s, e)$ 是一个流程模型，行为对 $(a,b) \in (A \times A)$ 是以下关系之一：

（1）strict 顺序关系 $\leadsto_{\mathrm{PM}}$，如果 $a \succ_{\mathrm{PM}} b$ 且 $a \not\succ_{\mathrm{PM}} b$；

（2）exclusiveness 关系 $+_{\mathrm{PM}}$，如果 $a \not\succ_{\mathrm{PM}} b$ 且 $b \not\succ_{\mathrm{PM}} a$；

（3）interleaving 顺序关系 $\|_{\mathrm{PM}}$，如果 $a \succ_{\mathrm{PM}} b$ 且 $b \succ_{\mathrm{PM}} a$。

所有这三种关系 $\mathrm{BP} = \{\leadsto_{\mathrm{PM}}, +_{\mathrm{PM}}, \|_{\mathrm{PM}}\}$ 的集合即 PM 的行为文档。$a \not\succ_{\mathrm{PM}} b$ 表示从 a 到 b 没有弱序关系。行为文档中的三种关系与 strict 顺序的逆关系 $\leadsto^{-1} = \{(a,b) \in (A \times A) | (b,a) \in \leadsto\}$，共同划分行为集合的笛卡儿积。

3.2　业务流程模型抽象概述

本节重点介绍文献[48]中的业务流程模型抽象框架，其中引入了后续章节中使用的保序业务流程模型抽象的概念，同时总结该文献作者提出的业务流程模型抽象用例，并指出本书研究的抽象应用背景。

3.2.1　业务流程模型抽象框架

抽象的目标是什么？抽象在什么时候应用？如何具体地实施抽象？文献[81]分析了这些问题的部分内容。为了阐述本书提出的有关业务流程模型行为抽象的各种方法，这里重点引入文献[48]提出的抽象框架，该框架将这些部分系统地组织在一起，使得能够对其进行形式化的讨论。这里引入业务流程模型抽象上下文中的三个部分：Why、When 和 How。

1. 业务流程模型抽象：Why

抽象的 Why 部分考虑到抽象一个流程模型的原因，即流程模型抽象的目标。抽象目标由抽象流程模型的目的和它的受众驱动，一方面，利益相关者与技术专家不一样，技术专家对流程的特定的技术层面感兴趣，对于经理，则追求一个高层的业务流程概览。另一方面，即使只有一个用户，也可能需要整个抽象情景。例如，一个经理可能既对高执行成本的行为感兴趣，又对高执行频率的行为路径感兴趣。这些场景的目的和利益相关者不同，因此抽象目标也不同。

根据抽象目标，不同对象吸引着用户的注意力。如图 3.4 中的模型，描述了处理预测请求的流程，流程模型 PM_1 根据两个不同的转换得到了模型 PM_2 和 PM_3，模型 PM_2 表示高层行为，模型 PM_3 描述最昂贵的分布式流程运行，见 3.1 节对该流程的具体解释。模型 PM_1 是三个流程模型中最全面的流程描述，每个行为用它的平均执行成本标识。

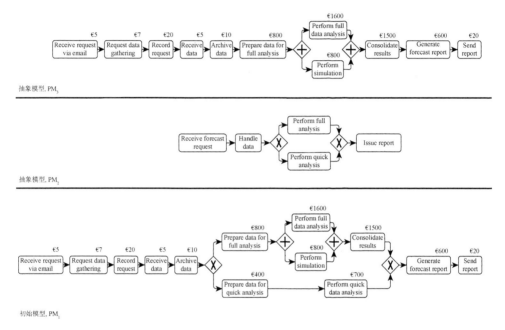

图 3.4　业务流程模型抽象的两个例子[48]

图 3.4 中的模型阐述了两个抽象示例。

抽象示例 1：在一个高层流程框架中由用户要求得到的抽象场景，即描述流程的粗粒度行为及其之间的顺序约束。模型 PM_2 就是从模型 PM_1 得到的这种流程概览。与模型 PM_1 中的行为相比，PM_2 中的行为更抽象，每个行为都是由初始模型中的一个行为集合构成。例如，行为 Perform quick analysis 对应于集合{Prepare data for quick analysis，Perform quick data analysis}。因此，在这个场景下，用户专注于行为粒度的改变。

抽象示例 2：另一个抽象场景是用户想通过一个模型观察"昂贵"的分布式运行。分布式运行是一个分布式系统的行为模型，描述了一个完整的系统演化[82]。在这种场景下，一个抽象机制需要分析一个流程模型定义的所有分布式运行，然后选择哪些是昂贵的。模型 PM_3 表示这种用户需求的抽象结果：在两个运行中，较昂贵的保留。

　　每个业务流程模型抽象操作一个类型的对象集，这些对象成为抽象对象。应用抽象可以对每个对象作出一个决策，即对于特定目标它是重要相关的（significant）还是无关紧要的（insignificant）。保留重要相关的抽象对象，而对无关紧要的对象进行抽象。对于之前的两个抽象例子，将行为（抽象示例 1）和分布式流程运行的模型部分（抽象示例 2）确定为抽象对象。形式上，每个抽象对象都是流程模型的一部分，是模型元素的子集。

　　定义 3.9（抽象对象）[48]　　令 $PM = (A, G, F, t, s, e)$ 是一个流程模型，一个抽象对象是一个集合 $\omega \subseteq (A \cup G \cup F)$，该集合描述了业务流程的一个事实，这个事实在一次抽象执行中被认为是相关的。

　　上面定义将抽象对象形式化为模型元素的一个子集，但是，不是每个模型元素子集都是一个抽象对象：该定义要求描述流程的一个事实的模型元素子集，被抽象操作抽象或保留。在这种方式下，一个抽象对象有一个实际的方面，即捕获有关抽象目标的信息。即使对于同一个初始模型，一个抽象操作和另一个抽象操作得到的抽象对象也会有所不同。将模型 PM 的一个抽象操作过程中得到的抽象对象的有限非空集合称为 Ω。

　　抽象示例 1 要求更粗粒度行为构成的流程模型，这里定义为抽象对象。抽象对象集合包含流程模型 PM_1 的 13 个行为。如果考虑抽象示例 2，其中用户对昂贵的流程运行感兴趣，则会发现模型 PM_1 中的两个抽象对象：较低分支的运行和较高分支的运行。模型 PM_3 只描述一个流程运行，因此只有一个抽象对象。

　　这个抽象场景说明了另外一个现象，当区分获取分布式运行的两个模型元素子集时，这些子集共享相同的模型元素。不看共同的元素，可以清楚地区分两个抽象对象。这种现象源于抽象对象的定义，作为一个实用方面丰富的模型元素的子集。

　　一个抽象目标定义了一个抽象的标准———一种属性，能够进行对象比较并可以进行与手边任务相关的对象确定。例如，在抽象示例 2 中，抽象标准是流程运行执行成本。同时，抽象示例 1 利用用户的输入作为抽象准则：用户手工选择重要相关的行为。特别地，只有行为 Generate forecast report 被认为是重要相关的，显然在模型 PM_2 中也一样。

　　2. 业务流程模型抽象：When

　　业务流程模型抽象的另一个组成部分负责设定受影响抽象对象所在的条件。抽象标准允许抽象对象间的比较，因此，一个抽象标准将流程模型的抽象对象分类为重要相关的和无关紧要的。可以用函数来形式化这种分类。

　　定义 3.10（抽象对象价值）[48]　　令 $PM = (A, G, F, t, s, e)$ 是一个流程模型，Ω 为该模型中抽象对象的集合。映射 $\text{sign}: \Omega \rightarrow \{\text{true}, \text{false}\}$ 是一个抽象对象价值函数，

使得对于每个 $\omega \in \Omega$：

$$sign(\omega) = \begin{cases} true, 如果 \omega 是重要相关的 \\ false, 否则 \end{cases}$$

对于抽象示例 1，假设抽象对象价值函数是用户定义的：在抽象过程中，用户手工指定哪些行为是无关紧要的。图 3.4 中的抽象示例 2 生动地阐述了抽象对象价值函数的思想：模型 PM_1 得到两个可能的分布式流程运行，PM_3 只描述一个高执行成本的流程运行。在这种情况下，€2410 低执行成本的流程运行被认为是无关紧要的。因此，函数 sign 在前面的情况下估值为 true，在后面则估值为 false。在模型 PM_3 中出现了重要相关的抽象对象，但是无关紧要的对象被抽象掉了。

如果一个抽象标准展示了至少一个度量标准，则重要相关和无关紧要的元素分类可以通过一个抽象阈值来实现。这个阈值将模型元素的集合划分成两个类：那些标准值大于或等于阈值的元素和剩余元素。其中一个类是重要相关的，另一个则是无关紧要的（选择依赖于具体的抽象目标）。文献[81]提出一个抽象滑块来实现函数 sign。

3. 业务流程模型抽象：How

业务流程模型抽象的 How 部分包括将流程模型转换为更抽象的流程表示的方法，抽象涉及流程模型，利用一个辅助二元关系 R_α。R_α 关系建立 PM 和 PM_a 中的抽象对象之间的对应关系，以此在流程模型元素层刻画业务流程模型抽象。

定义 3.11（抽象对象对应关系）[48]　令 PM 是一个流程模型，Ω 是抽象对象集合。令 $PM_a \in abstr(PM)$ 是同一业务流程的一个更抽象的模型，其中抽象对象集合为 Ω_a。一个抽象对象对应关系定义为一个满二元关系 $R_\alpha \subseteq \Omega \times \Omega_a$。

由于对应关系是满射的，所以流程模型 PM_a 的每个抽象对象都对应初始模型 PM 中至少一个抽象对象。如图 3.4 的运行示例，可以观察到以下抽象示例 1：

（1）$(Generate\ forecast\ report, Generate\ forecast\ report) \in R_\alpha$；

（2）$(Prepare\ data\ for\ quick\ analysis, Perform\ quick\ analysis) \in R_\alpha$；

（3）$(Perform\ quick\ data\ analysis, Perform\ quick\ analysis) \in R_\alpha$。

在抽象示例 2 中，由模型 PM 中较高分支定义的分布式流程运行与唯一剩余的分布式流程运行相关联。抽象对象对应关系可以设计业务流程模型抽象操作。

定义 3.12（业务流程模型抽象）[48]　业务流程模型抽象是一个函数 $\alpha: PM \rightarrow PM$，将包含抽象对象集合 Ω 的流程模型 PM 转换为包含抽象对象集合 Ω_a 的模型 PM_a 进而隐藏抽象对象 $\Omega' \subseteq \Omega$，其中 $\forall \omega \in \Omega': sign(\omega) = false$ 使得如下条件成立。

（1）$|\Omega| > |\Omega_a|$。

（2）$\forall \omega_a \in \Omega_a: sign(\omega_a) = true$。

（3）存在一个抽象对象对应关系 $R_\alpha \subseteq \Omega \times \Omega_a$ 使得 $\forall \omega \in \Omega'$：

① $\nexists \omega_a \in \Omega_a$ 使得 $\omega R_\alpha \omega_a$；

②同时，$\exists \omega_a \in \Omega_a : \omega R_\alpha \omega_a \Rightarrow \exists \omega' \in \Omega : \omega \neq \omega' \wedge \omega' R_\alpha \omega_a$。

定义 3.12 反映了几个设计决策，首先，要求业务流程模型抽象得到包含更少抽象对象的流程模型，即 $|\Omega| > |\Omega_a|$。其次，所有无关紧要的抽象对象被抽象掉，如定义 3.12 中条件（2）所示。最后，设计了两个选择隐藏无关紧要的抽象对象 ω。抽象既删除了一个无关紧要的抽象对象[定义 3.12 中条件（3）的选择①]，也将其与另外一个抽象对象进行聚合[定义 3.12 中条件（3）的选择②]。这个设计决策意味着这两个操作足够隐藏任何抽象对象。换句话说，可以通过删除（elimination）和聚合（aggregation）两个操作实现业务流程模型抽象。这两个操作具体如下。

第一个选择得到一个抽象的流程模型，其中不存在抽象对象对应于 ω。考虑图 3.4 中的模型 PM_1 和 PM_3，PM_3 是 PM_1 的抽象。PM_1 描述了两个流程运行，低成本（无关紧要的抽象对象）和昂贵的（重要相关的抽象对象）。模型 PM_3 只描述一个运行——昂贵的运行。PM_1 中的昂贵的运行对应于 PM_3 中的昂贵运行，而低成本的运行没有任何对应。

第二个选择是将 ω 与 PM_1 中的其他抽象对象聚合，并且将它们吸收到 PM_2 中的一个抽象对象中。考虑根据图 3.4 中模型 PM_1 和 PM_2 阐述的抽象示例 1，在这个抽象情境中，抽象对象是一个行为，PM_1 中的几个行为聚合成 PM_2 中的单个行为。因此，PM_1 中的每个无关紧要的抽象对象都通过关系 R_α 对应于 PM_2 中的一个抽象对象，而 PM_1 中的其他抽象对象则对应于 PM_2 中的相同的抽象对象。

这两个隐藏抽象对象的选择与两个不同类型的抽象相关：删除（π）和聚合（σ）。删除操作得到一个不包含省略掉的抽象对象 Ω' 的信息，而其他抽象对象则保留。这两个操作的形式化定义在此不再赘述，详见文献[48]。

3.2.2　业务流程模型抽象属性

文献[48]中将业务流程模型抽象的属性阐述为一个模型转换，并且讨论了抽象操作的一个较为突出的类，即分层抽象，本书基于物理系统的知识重构与抽象模型框架设计了多域的流程分层抽象，因此，在此处不再引入该文献中关于分层抽象的定义。根据后面章节需要，这里仅引入关于保序（order-perserving）抽象的概念。

抽象的一个固有属性是信息丢失，一个抽象模型比它对应的细节模型包含更少的顺序约束。根据具体的抽象用例和基本的抽象目标，对顺序约束信息的丢失的容忍度可能会不同。一些专注于行为抽象的文献引入了保序模型转换的概念，如文献[83]。图 3.5 阐述了保序的思想。

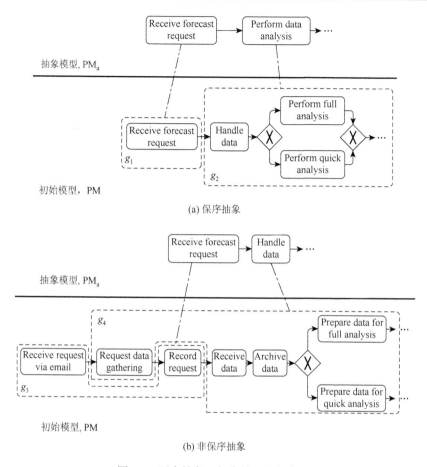

(a) 保序抽象

(b) 非保序抽象

图 3.5　两个抽象：保序的和非保序的

　　图 3.5（a）的例子得到一个保序抽象。流程模型 PM_a 中的行为将模型 PM 中的行为组 g_1 和 g_2 进行抽象，两个粗粒度行为之间的顺序约束与两个行为组的顺序约束一致。在抽象模型中，行为 "Receive forecast request" 在行为 "Perform data analysis" 之前执行，而在初始模型中，行为组 g_1 则先于行为组 g_2。相反，图 3.5（b）中的抽象则不是保序的：行为组 g_3 和 g_4 相互交织。这使得行为 "Receive forecast request" 和行为 "Handle data" 之间的顺序执行发生冲突。为了形式化保序的业务流程模型抽象的概念，假设 $PM_a = (A_a, G_a, F_a, t_a, s_a, e_a)$ 中的每个高层行为都是 $PM = (A, G, F, t, s, e)$ 中的若干行为聚合的结果，则粗粒度行为的构成通过辅助函数 aggregate 形式化如下。

　　定义 3.13（聚合函数 aggregate）[48]　　令 $PM = (A, G, F, t, s, e)$ 是一个流程模型，$PM_a = (A_a, G_a, F_a, t_a, s_a, e_a)$ 是 PM 对应的抽象模型。函数 aggregate：$A_a \rightarrow (P(A) \setminus \varnothing)$ 确定了 PM_a 中的一个行为与 PM 中的行为集合之间的对应关系。

定义 3.13 形式化了业务流程模型抽象的保序概念，抽象对象是行为。定义利用行为文档关系对比了初始流程模型和抽象流程模型的行为。

定义 3.14（保序的业务流程模型抽象）[48]　　令 $PM = (A, G, F, t, s, e)$ 是一个流程模型，业务流程模型抽象 α 将 PM 映射到 $PM_a = (A_a, G_a, F_a, t_a, s_a, e_a)$，即 $\alpha : (PM, \text{activity groups}) \rightarrow PM_a$，$PM_a$ 中的行为是抽象对象。令函数 aggregate 用于建立 PM 与 PM_a 中的行为之间的关联关系，则运算 α 是保序业务流程模型抽象，当且仅当对于 $\forall x, y \in A_a, x \neq y$，$\forall a, b \in A$，$a \in \text{aggregate}(x)$ 且 $b \in \text{aggregate}(y)$，有以下结果成立：

$$a \rightsquigarrow_{PM} b \Rightarrow x \rightsquigarrow_{PM_a} y$$

$$a \rightsquigarrow_{PM}^{-1} b \Rightarrow x \rightsquigarrow_{PM_a}^{-1} y$$

$$a +_{PM} b \Rightarrow x +_{PM_a} y$$

$$a \parallel_{PM} b \Rightarrow x \parallel_{PM_a} y$$

定义 3.14 限制了模型 PM 和 PM_a 中行为的顺序，这些行为通过映射 aggregate 相互关联。图 3.5 阐述了形式化的定义，图 3.5（a）中表示的抽象有一个映射 aggregate 使得：

（1）Receive forecast request $\in$ aggregate（Receive forecast request）；

（2）Handle data $\in$ aggregate（Perform data analysis）；

（3）Perform full analysis $\in$ aggregate（Perform data analysis）；

（4）Perform quick analysis $\in$ aggregate（Perform data analysis）。

注意到 Receive forecast request $\rightsquigarrow_{PM_a}$ Perform data analysis。进一步地，PM 中的每一对与 Receive forecast request 和 Perform data analysis 对应的行为也是严格的顺序关系，如 Receive forecast request $\rightsquigarrow_{PM}$ Handle data，因此该抽象是保序的。此外，图 3.5（b）中的抽象不是保序的，可以观察到 Receive forecast request $\rightsquigarrow_{PM_a}$ Handle data，而 Request data gathering $\rightsquigarrow_{PM}$ Record request。

3.2.3　抽象用例

根据不同的业务流程抽象目标，文献[48]总结归纳了几类业务流程模型抽象用例（abstraction use cases），本书的流程模型抽象部分主要以化简复杂模型、便于人们理解为目标，即对于一个已经存在的大型业务流程模型，自动生成有意义的简化模型。下面用表 3.2 简要总结文献[48]中的抽象用例目录。

表 3.2　总结抽象用例目录[48]

Group 1：Preserving Relevant Activities 保留相关行为	Use Case 1：Preserve Pricey Activities 用户最优化业务流程，对高执行成本的行为感兴趣
	Use Case 2：Preserve Frequent Activities 用户改进业务流程，关注高频率执行的行为
	Use Case 3：Preserve Long Activities 用户对流程最优化感兴趣，并且关注高执行周期的行为
	Use Case 4：Show High Hand-off Times 用户最优化业务流程，关注高切换时间的行为
	Use Case 15：Preserve Frequent Activities Summarizing Rare Activities 用户分析细节流程模型中得到一个流程，关注与当前分析相关的行为，重要相关和无关紧要的行为之间的区别基于行为频率的阈值
Group 2：Preserving Relevant Process Runs 保留相关流程运行	Use Case 5：Preserve Pricey Runs 用户最优化流程，将成本高昂的流程运行作为重要相关的
	Use Case 6：Preserve Frequent Runs 用户完成流程优化，将高执行频率的分布式运行作为重要相关的
	Use Case 7：Preserve Runs with Long Duration 用户最优化流程，将长周期的分布式流程运行作为重要相关的
	Use Case 8：Trace a Case 用户对业务流程中特殊情况如何演化的问题感兴趣
Group 3：Filtering of Model Elements 模型元素的筛选	Use Case 9：Adapt Process Model for an External Partner 用户为了向外部伙伴表示模型而调整已经存在的业务流程模型
	Use Case 10：Trace Data Dependencies 用户修改数据对象接口
	Use Case 11：Trace a Task 用户评估流程模型中一个行为的效果
Group 4：Obtaining a Process Quick View 获取流程的快速视图	Use Case 12：Get Process Quick View Respecting Ordering Constraints 用户需要一个流程规范，即得到粗粒度的行为以及行为之间的顺序约束
	Use Case 13：Get Process Quick View Respecting Roles 将由特殊角色完成的行为，如经理，看成重要相关的行为。剩余的行为则是无关紧要的
	Use Case 14：Retrieve Coarse-grained Activities 用户想要得到出现在业务流程中的粗粒度行为。不要求抽象机制来获取高层行为之间的顺序约束，一旦这些行为可用，则手工进行排序
	Use Case 16：Get Particular Process Perspective 用户分析细节流程模型中得到一个流程，想要看一个特定的流程角度

　　根据文献[52]和[48]，构建流程的快速视图以便快速理解复杂的流程模型是业务流程模型抽象的一个最重要的应用用例。为了解决该问题，可以将流程模型作为粗粒度行为的部分有序集合，其中每个粗粒度行为与一组较低层的细节行为相对应。因此本书重点研究 Use Case 12 和 Use Case 14，在第 6 章则重点讨论引入聚类技术的行为抽象过程。

第 4 章　KRA 模型框架的智能世界扩展

本章 4.1 节首先引入区别于一般物理世界特征的"智能世界"的概念，并在此基础上，扩展第 2 章中介绍的 KRA 模型框架，即提出可区分的知识重构与抽象模型。然后，在新提出的模型框架下，对智能世界的建模过程进行形式化描述，包括实体域感知过程形式化和抽象过程形式化扩展两部分内容（4.2 节和 4.3 节）。最后，在 4.4 节给出基于广义 KRA 模型框架的智能世界建模过程。

4.1　可区分的知识重构与抽象模型

统一的抽象建模框架以及形式化表示可以帮助实现自动推理。随着物联网技术的发展，物理世界中嵌入了各种智能对象，改变了物理世界的部分特征，增加了建模和推理的复杂性。本节根据物联网带来的智能世界的特征，在知识重构与抽象模型（KRA 模型）的统一建模框架基础上，提出了可区分的知识重构与抽象模型（dKRA 模型）。该模型通过三个相互关联的子模型及其之间的关系来表示智能世界，并给出相关定义和定理说明在所提出的模型框架内，可以将基于模型的诊断过程限制在一个（或多个）子模型中。研究内容侧重于系统设计阶段的模型验证，分别从理论和实验角度分析了基于智能世界 dKRA 模型的诊断过程时间效率的提高（与基于智能世界 KRA 模型的诊断过程相比）。

4.1.1　本节引言

4.1.2 小节给出智能世界的一些相关概念，形式化地表示了可区分的 KRA 模型，同时给出了一个实验用例；4.1.3 小节在基于模型诊断的相关概念基础上给出了一些定义和定理，提出了运行在智能世界可区分的 KRA 模型上的诊断算法 dKRAMBD，并利用基本语句执行次数的概念从渐进意义上分析了算法的复杂性；4.1.4 小节通过比较基于 dKRA 模型和基于 KRA 模型的诊断过程，进一步阐述了诊断效率的提高；4.1.5 小节对本节进行简要总结，提出未来工作的方向。

4.1.2　定义可区分的 KRA 模型框架

1. 相关概念

为了刻画由网络化对象或智能对象构成的智能世界，部分地引用文献[85]和[15]中的一些概念并对其进行扩展。

（1）物理实体（PhEntity）：一个物理实体是任意一个带有自然属性或设计属性的对象，不仅包含具体的人、物或其他人造的物理设备（如开关、打印机等），还包含各种抽象的内容（如环境、空气等）。

（2）网络化实体（NWEntity）：与文献[85]中的概念不同，本书将嵌入了传感器、执行器或处理器（称为网络化设备）的物理实体定义为网络化实体，这些网络化实体具有一些特殊的功能和通信能力，如自动感知外部信息、接收和发射命令信号或数据、触发某些动作、产生某些效果等。因此，一个网络化实体是一个组合对象，可以由各种物理实体以及其他的网络化实体构成。

（3）虚拟实体（VEntity）：一个虚拟实体是一个软件对象或软件服务[85]或软件对象与软件服务的组合对象，表示智能世界以及与智能世界进行通信。根据网络化属性对物理实体和网络化实体与虚拟实体进行区分，如果网络化属性值为NULL，则它是物理实体，否则是网络化实体或虚拟实体。网络化实体与虚拟实体则根据它们网络属性中包含的元素的特征来进行区分。

（4）网络化连接（NWConn）：一个网络化实体与另一个实体（物理实体、网络化实体或者虚拟实体）通过网络化设备相连称为网络化连接。

（5）物理连接（PhConn）：物理连接通过实际物理链路（如电线、管道等）来连接两个物理实体。

（6）虚拟连接（VConn）：虚拟连接用来连接两个虚拟实体。

（7）物理世界：实体以及它们之间的物理连接构成了物理世界。

（8）网络化世界：实体以及它们之间的网络化连接构成了网络化世界。

（9）虚拟世界：实体以及它们之间的虚拟连接构成了虚拟世界。

2. 智能世界的模型表示

智能世界用 dKRA 模型表示，该模型扩展了 Saitta 和 Zucker 提出的 KRA 模型框架[5]。这里强调 dKRA 模型对诊断过程的改进，因此只从以下四层结构上定义 dKRA 模型框架：dR=(dP, dS, dL, dT)。抽象框架和抽象过程在此省略，作为后续研究的内容。

定义 dP=(OBJ, ATT, BEHAV, CONN, OBS)，其中：

OBJ={(EntityCLS$_i$, TYPE$_i$)|EntityCLS$_i$∈{PhyEntity, NWEntity, VEntity}, 1≤i≤N}

ATT={NWAtt：TYPE$_j$→Δ}∪{A_j：TYPE$_j$|TYPE$_j$.NWAtt→Λ_j, 1≤j≤M}, Δ={D_k|Type(D_k)=NWDevice, 1≤k≤T}|{D_k|Type(D_k)≠NWDevice，1≤k≤T}|$\varnothing$

BEHAV={b_k：TYPE$_{ik}$×TYPE$_{jk}$×···→C_k|1≤k≤S}

REL={(ConnCLS$_h$, r_h)|ConnCLS$_h$∈{PhyConn, NWConn, VConn}, r_h⊆TYPE$_{ih}$ TYPE$_{ih}$(TYPE$_{ih}$.NWAtt[k])×TYPE$_{jh}$|TYPE$_{jh}$(TYPE$_{jh}$.NWAtt[s]), 1≤h≤R}

　　引入文献[15]中的实验用例，同时为了描述提出的概念，在结构和功能上对其进行了一些改变。其中的物理开关对象集成了一个传感器和一个执行器，传感器感知周围环境的变化并且将这些变化发送给虚拟世界中的某个对应的应用程序。虚拟世界处理接收的数据并且发送控制信号到执行器，以此决定开关的开和关状态。开关和灯通过物理线路连接。该智能世界 IntW 如图 4.1 所示。

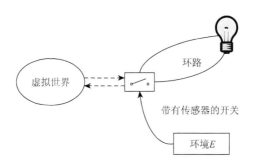

图 4.1　从文献[15]中变化而得到的实验用例

　　图 4.1 所示智能世界的 dKRA 模型的感知层表示为 dP=(OBJ, ATT, BEHAV, CONN, OBS)，其中：

OBJ={(PhyEntity, LIGHT), (PhyEntity, WIRE), (PhEntity, ENV), (NWEntity, NWSWITCH), (VEntity, VIRSER), (\, PORT)}

ATT={NWAtt: COMP→{SWITCH, SENSOR, ACTUATOR, RECEIVE, CONTROL, OPERATION}∪$\varnothing$, COMP={LIGHT, WIRE, ENV, NWSWITCH, VIRSER}, ObjType: COMP|COMP.NWAtt[i]→{light, wire, nwswitch, env, virser, switch, sensor, actuator, receive, control, operation}, isNWDevice：COMP.NWAtt[i]→{yes, no}, MeasureType: PORT→{signal, current, pressure, data}, Observable：PORT→{yes, no}, Direction：PORT→{in, out}, State：NWSwitch.NWAtt[i]→{open, closed}, OP：NWSwitch.NWAtt [i]→{turnon, turnoff, null}, isEmpty：ENV→{yes, no}}

BEHAV={Blight: LIGHT→{ok}, Bwire: WIRE→{ok}, Bnwswitch: NWSWITCH→

Bsw∪Bs∪Ba, Bvirser：VIESER→Br∪Bo∪Bc, ΔCurrentValue：PORT→{+, 0, −}, ΔPressureValue：PORT→{+, 0, −}}

REL={port-of ⊆ PORT×COMP|COMP.NWAtt[i], (ConnCLS, connected)|ConnCLS ∈ {PHConn, NWConn, VConn}, Connected⊆PORT×PORT}

OBS={(NWSW, L, W_1, u_1, v_1, u_1', v_1', u_5, u_6, ···), (EntityCls(NWSW)=NWEntity, ···), (NWAtt(NWSW)={SWITCH, SENSOR, ACTUATOR}, NWAtt(L)= ∅ , ···), (ObjType (NWSW)=nwswitch, ObjType(NWSW.SWITCH)=switch, ObjType(NWSW.SENSOR)= sensor, ObjType(u_1)=port, ···), (isNWDevice(NWSW.SWITCH)=no, isNWDevice (NWSW.SENSOR)=yes, ···), (MeasureType(u_1)=current, ···), (Directioin(u_1)=in, ···), (Observable(u_1)=yes, ···), (ΔCurrentValue(u_1)=+, ···), (ΔPressureValue(v_1)=+, ···), (port-of(u_1, NWSW.SW), ···), (OP(NW.SW)=null, ···), (connected(u_2, u_1'), ···), (State(NW.SW)= closed, ···)}

结构层使用四个表格描述：

TableObj=(entitycls, obj, nwatt, objtype, direct, obser, meatype, isempty);

TableSubObj=(obj, subobj, objtype, isnwdev, state, op);

TablePortOf=(port, comp);

TableConnected=(ConnCLS, port, port)。

结构层中的表格中的部分内容如表 4.1～表 4.4 所示。

表 4.1　结构层的部分实体表 TableObj

entitycls	obj	nwatt	objtype	Direct	obser	meatype	isempty
NWEntity	NWSW	{SW, S, A}	—	—	—	—	—
PhEntity	L	∅	light	—	—	—	—
—	u_1	—	port	in	yes	current	—
...	...	...	...	...	...	...	...

表 4.2　结构层的部分子实体表 TableSubObj

obj	subobj	objtype	isnwdev	state	op
NWSW	SW	switch	no	closed	—
NWSW	S	sensor	yes	—	null
NWSW	A	actuator	yes	—	null
VS	R	receive	—	—	—
...	...	...	...	...	...

表 4.3　结构层的部分端口表 TablePortOf

port	comp
u_1	NWSW.SW
...	...

表 4.4　结构层的部分连接关系表 TableConnected

ConnCLS	port	port
PhyConn	u_2	u_1'
...	...	...

语言层用 dL=(P, F, C) 描述，其中：

P={nwentity(x), phyentity(x), $\cdots$, nwatt(x, y), port(x), in(x), out(x), observable(x), current(x), pressure(x), isnwdevice(x), port-of(x, y), connected(conncls, x, y), ok(x), $\cdots$, light(x, u_1, u_2, v_1, v_2), nwswitch(x), $\cdots$}

F={Blight, $\cdots$, Bsw, Bs, $\cdots$, ΔCurrentValue, $\cdots$}

C={NWSW, L, $\cdots$} $\cup$ Λ_{Blight} $\cup$ $\cdots$ $\cup$ {open, closed, turnon, $\cdots$, +, -, 0}

理论层 dT 表示定性测量值{+, 0, -}的含义，算术运算规则详见文献[5]。同时，理论层也包含部件的描述，如网络化实体 NWSW 可以描述为

$$nwswitch(NWSW) \Leftrightarrow \exists c(nwatt(c, NWSW) \wedge isnwdevice(c))$$

IntW 中部件的正常行为模式如表 4.5 所示。

表 4.5　IntW 中部件的正常行为模式

ok(LIGHT)	$\Delta c_{out}=\Delta c_{in}$;　$\Delta r_{out}=\Delta r_{in}$
ok(WIRE)	$\Delta c_{out}=\Delta c_{in}$;　$\Delta r_{out}=\Delta r_{in}$
ok(NWSWITCH.SWITCH)	state(closed) $\Rightarrow$ $\Delta c_{out}=\Delta c_{in}$;　$\Delta r_{out}=\Delta r_{in}$ state(open) $\Rightarrow$ $\Delta c_{out}=\Delta c_{in}=-$;　$\Delta r_{in}=+$
ok(NWSWITCH.SENSOR)	$out_1=in_1$;　$out_2=in_2$
ok(NWSWITCH.ACTUATOR)	in=1 $\Rightarrow$ out_1(op(turnon));　out_2(state(closed)) in=0 $\Rightarrow$ out_1(op(turnoff));　out_2(state(open))
ok(VS.R)	$out_1=in_1$;　$out_2=in_2$ //in_1 是环境的状态;　in_2 是开关的状态
ok(VS.OP)	in_1=somebody $\wedge$ in_2=open $\Rightarrow$ out=turnon in_1=nobody $\wedge$ in_2=closed $\Rightarrow$ out=turnoff
ok(VS.C)	in=turnon $\Rightarrow$ out=1 in=turnoff $\Rightarrow$ out=0
ok(ENV)	isEmpty(no) $\Rightarrow$ out(somebody) isEmpty(yes) $\Rightarrow$ out(nobody)

从以上可知，智能世界 IntW 的 dKRA 模型由三个子模型构成，它们之间通过网络化连接相互关联，如图 4.2 所示。

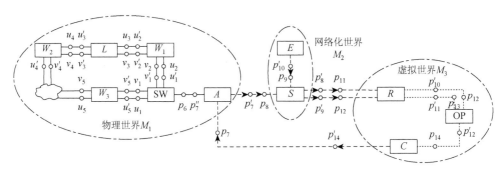

图 4.2　智能世界 IntW 的 dKRA 模型

4.1.3　基于智能世界 dKRA 模型的诊断

4.1.2 小节构造了智能世界的 dKRA 模型，本小节将首先根据基于模型诊断的相关概念给出一些定义和定理。

定义 4.1（正常功能，normal function）　智能世界的形式化功能描述为一个集合 S，其中包含形如 $P \Rightarrow R$ 的子句，P 和 R 都是定义在语言层 dL 的谓词的合取形式，即 $S=\{S_1, \cdots, S_m\}=\{P_1 \Rightarrow R_1, \cdots, P_m \Rightarrow R_m\}$。

智能世界的正常功能用一阶逻辑表示，可以作为背景知识添加到 dKRA 模型的理论层 dT。

定义 4.2（功能观测，function observation）　假设 S 是智能世界 IntW 的正常功能，且 $S=\{S_1, \cdots, S_m\}=\{P_1 \Rightarrow R_1, \cdots, P_m \Rightarrow R_m\}$，IntW 的功能观测是定义在语言层 dL 的谓词的合取形式，即 FuncOBS$=F \wedge F'$，其中 $F \in \{P_1, \cdots, P_m\}$。

定义 4.3（故障功能，malfunction）　假设 S 是智能世界 IntW 的正常功能，且 $S=\{S_1, \cdots, S_m\}=\{P_1 \Rightarrow R_1, \cdots, P_m \Rightarrow R_m\}$，FuncOBS 是 IntW 的功能观测，且 FuncOBS$=F \wedge F'$，$F=P_k$，如果 F' 和 R_k 包含一个或多个互补对，则表示 IntW 中存在故障功能。

从定义 4.3 可以得出结论，如果功能观测与正常功能是不一致的，则智能世界中一定存在故障功能；反过来则未必成立，即如果功能观测和正常功能是一致的，则智能世界中仍然可能存在故障功能（隐藏在正常功能的显示表象下）。

例如，图 4.2 所示的智能世界的正常功能可以描述为 $S=\{S_1, S_2\}=\{P_1 \Rightarrow R_1, P_2 \Rightarrow R_2\}=\{env(E) \wedge$ isempty$(E) \Rightarrow$ light$(L) \wedge$ turnoff(L), env$(E) \wedge \neg$ isempty$(E) \Rightarrow$ light$(L) \wedge$ turnon$(L)\}$，即若环境 E 中没有人，则灯 L 处于关状态；若环境 E 中有人，

则灯 L 处于开状态。假设有一个功能观测 FuncOBS=$F \wedge F'$, $F=P_1$, $F'=$ light(L)$\wedge$ turnon(L)，由于 turnon(L)和 turnoff(L)是一个互补对，智能世界中一定存在故障功能。这点很容易理解，若周围有人而灯却没有亮，或者周围没人而灯却亮着，则系统一定存在故障。

但是，当周围有人、灯亮着或者周围没人、灯没亮时，并不能得出结论说系统一定正常，因为可能存在某些故障功能共同支持正常的功能现象。为了简化讨论，不考虑这种情况，而只关注那些引起智能世界明确的服务故障的故障功能。

假设 S 是智能世界 IntW 的正常功能，且 $S=\{S_1, \cdots, S_m\}=\{P_1 \Rightarrow R_1, \cdots, P_m \Rightarrow R_m\}$。FuncOBS 是 IntW 的功能观测，且 FuncOBS=$F \wedge F'$, $F=P_k$, R_k 和 F' 中至少存在一个互补对。令 IntW 的 dKRA 模型表示为 $M=M_1 \cup M_2 \cup M_3$，取那些包含同一个子模型中部件的互补对，即 $p_1(c_1), \cdots, p_s(c_s)$ 是 R_k 中的谓词，$q_1(c_1), \cdots, q_s(c_s)$ 是 F' 中的谓词，其中 $p_j(c_j)$ 和 $q_j(c_j)$ 是互补对并且 $c_1, \cdots, c_s \in \text{COMPS}_i$，$\text{COMPS}_i$ 是 M_i 中的部件集合（$1 \leqslant i \leqslant 3$）。显然地，$p_j(c_j)$ 表示 c_j 的正常状态，$q_j(c_j)$ 表示 c_j 的观测状态。假设 OBS(M_i)是来自于 M_i 的所有端口的观测数据，SD(M_i)是 M_i 的系统描述，其中包含了 COMPS_i 中部件的正常行为，形如前面定义所示。根据基于模型诊断中的概念，给出以下定理。

定理 4.1 M_i 中不存在故障功能，当且仅当 SD(M_i)$\cup$COMP$_i \cup \{q_1(c_1), \cdots, q_s(c_s)\} \cup$ OBS(M_i) 是一致的。

定理 4.1 显然正确。根据文献[86]和[87]，诊断定义如下：令 $\Delta \subseteq$ COMPS，(SD,COMPS,OBS) 的诊断定义为 $D(\Delta, \text{COMPS}-\Delta)$，使得 SD$\cup$OBS$\cup \{D(\Delta, \text{COMPS}-\Delta)\}$ 是一致的。

根据以上定义，Δ 是故障部件的集合。令 $\Delta=\varnothing$，假设 OBS $= \{q_1(c_1), \cdots, q_s(c_s)\} \cup$ OBS(M_i)，如果 M_i 的系统描述（COMPS_i 中部件的正常行为以及它们的拓扑）和观测 OBS 是一致的，则 $D(\varnothing, \text{COMPS}_i)$ 是 M_i 的诊断，即系统中不存在故障部件。

从上面分析看出，仅仅依赖局部端口的观测值来排除故障功能显然是不完备的，因此为了确定哪个或哪些世界不存在故障功能，必须假设每个子模型的所有输入输出端口是可观测的。

例如，在智能世界 IntW 的子模型 M_1 中添加两个类型分别为 light 和 switch 的对象 L_2 和 SW_2，图 4.3 显示了添加了部件后的模型的部分内容。

假设正常功能变化为

$$\text{ENV}(E) \wedge \text{isEmpty}(E) \Rightarrow \text{LIGHT}(L) \wedge \text{turnoff}(L) \wedge \text{LIGHT}(L_2) \wedge \text{turnon}(L_2)$$

$$\text{ENV}(E) \wedge \neg\text{isEmpty}(E) \Rightarrow \text{LIGHT}(L)\text{turnon}(L) \wedge \text{LIGHT}(L_2) \wedge \text{turnoff}(L_2)$$

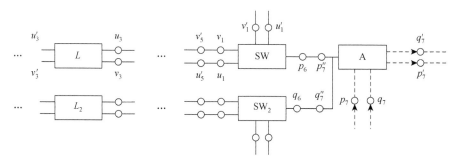

图 4.3　在 IntW 中添加了两个部件 L_2 和 SW$_2$ 后的局部模型

功能观测为

$$\text{FuncOBS} = \text{ENV}(E) \wedge \neg \text{isEmpty}(E) \wedge \text{LIGHT}(L) \wedge \text{turnoff}(L) \wedge \text{LIGHT}(L_2) \wedge \text{turnon}(L_2)$$

L 和 L_2 的状态都不支持 IntW 的正常功能，因此一定存在故障功能。M_1 的局部端口观测不能用来排除故障功能。假设有观测集合 OBS$_1$={p_7=turnoff, p_7' =OPEN}，其中 p_7 输入命令操作开关 SW，p_7' 输出 SW 的状态。显然地，SD(M_1)∪COMP$_1$∪FuncOBS∪OBS$_1$ 是一致的，但是并没有考虑 L 的状态与 SW$_2$ 的操作。因此如果有观测集合 OBS$_2$={p_7=turnoff, q_7=turnoff, p_7' =OPEN, q_7' =OPEN}，则很容易得出 SD(M_1)∪COMP$_1$∪FuncOBS∪OBS$_2$ 是不一致的，M_1 一定存在故障功能。

由此得出结论，尽管局部端口的观测不能排除某个子模型的故障功能，但是它们可以用来确定故障功能的存在性。例如，如果有另一个观测集合 OBS$_3$={q_7=turnoff, q_7' =OPEN}，则可以得出 SD(M_1)∪COMP$_1$∪FuncOBS∪OBS$_3$ 是不一致的，M_1 一定存在故障功能。

定理 4.2　M_1 中存在故障功能，当且仅当 ∃OBS′⊆OBS(M_i)，使得 SD(M_i)∪COMP$_i$∪{$q_1(c_1)$,…,$q_s(c_s)$}∪OBS′ 是不一致的。

由于 OBS′⊆OBS(M_i)，容易证明如果 SD(M_i)∪COMP$_i$∪{$q_1(c_1)$,…,$q_s(c_s)$}∪OBS′ 是不一致的，则 SD(M_i)∪COMP$_i$∪{$q_1(c_1)$,…,$q_s(c_s)$}∪OBS(M_i) 必定是不一致的。因此根据定理 4.1，M_1 中一定存在故障功能。

通过以上分析可以得出：通过确定子模型中是否包含故障功能，有可能将诊断过程限制在模型的一部分中进行。根据定理 4.2，假设子模型的所有部件都正常，如果子模型的某些端口的测量数据与功能观测不正常的部件是不一致的，则子模型中存在故障功能。这个定理的一个前提假设是子模型中的所有端口都是可观测的。因此，优先测试如下端口：其值与带有故障功能状态的部件相关。如图 4.3 所示，开关 SW 控制灯 L，端口 p_7 和 p_7' 的值与 SW 相关，因此优先测量这两个端口来获得观测数据。相应地，由于灯 L_2 和开关 SW$_2$ 的关系，也可以优先测量端口 q_7 和 q_7'。一旦通过一个观测确定了故障功能，测量过程就可以停止，进行诊断。基于智能世界的 dKRA 模型的诊断过程描述如算法 dKRAMBD 所示。

算法 dKRAMBD

//假设 M_1、M_2 和 M_3 是智能世界 IntW 的子模型，$COMPS_i$ 是 M_i 中的部件集合，$PORTS_i$ 是 M_i 中可观测端口的集合，$1 \leq i \leq 3$；

//正常功能和功能观测分别为 NormFunc 和 FuncOBS，即 NormFunc=$\{P_1 \Rightarrow R_1, \cdots, P_m \Rightarrow R_m\}$，FuncOBS=$F \wedge F'$；

（1）　从 $P_1, \cdots, P_m$ 查找 P_k，使得 $F=P_k$；

（2）　从 F' 和 R_k 中查找互补对，假设查找结果为 $f_1(c_1), \cdots, f_t(c_t)$ 和 $r_1(c_1), \cdots, r_t(c_t)$，其中 $f_k(c_k)$ 和 $r_k(c_k)$（$1 \leq k \leq t$）是两个互补对；

（3）　对于每一个 c_i（$1 \leq i \leq t$）{

（4）　　确定 $c_i \in M_j$（$1 \leq j \leq 3$）；

（5）　　subPORTS$_j$={};

（6）　　if（M_j 没有被标记）{

（7）　　　subPORTS$_j$=Select(PORTS$_j$, c_i);

　　　　　//基于 M_j 的理论层，选择与 c_i 最具关联的端口；

（8）　　　OBS=Measure（subPORTS$_j$）;

（9）　　　if（SD(M_j)∪OK(COMPS$_j$)∪$\{f_i(c_i)\}$∪OBS 是不一致的）{

　　　　　//根据定理 4.2，M_j 不存在故障功能；

（10）　　　 MBD（M_j）；//基于 M_j 的诊断过程；

（11）　　　 标记 M_j；

（12）　　　 goto(3); }

（13）　　　else{

（14）　　　　　if(subPORTS$_j$==PORTS$_j$){//M_j 中没有故障功能；

（15）　　　　　　标记 M_j；

（16）　　　　　　goto(3); }

（17）　　　　subPORTS$_j$=subPORTS$_j$∪RandSele（PORT$_j$−subPORTS$_j$）;

　　　　　//向 subPORTS$_j$ 中随机添加另一个端口；

（18）　　　　goto(8);

（19）　　　　　}

（20）　　　}

（21）}

在算法 dKRAMBD 中，步骤（1）和（2）是两个搜索过程，所用时间可以从渐进复杂性的角度表示如下：$T_1 = O(m) + O((r+1)r/2)$，其中 r 是 R_k 中谓词的个数，即 $r=|R_k|$。但是实际上，m 和 r 都是很小的常数（通常小于 10），因此 T_1 是常数，表示为 $O(1)$。

步骤（4）确定了 c_i 属于哪个子模型。最坏情况下，M 中的所有部件都需要被考虑，如果有 n 个部件，则渐进时间复杂性为 $O(n)$。可以基于 c_i 所属的实体类来考察 c_i 最可能属于哪个子模型，给定该子模型优先查找，在平均情况下降低该复杂性。例如，如果 c_i 的实体类是 PhyEntity（物理实体），则查找优先在物理世界的子模型中进行。

在步骤（7），一个简单的方法是随机选择 M_j 的端口进行测量[如步骤（17）中的 RandSele 函数]，需要常数时间 $O(1)$ 即可。当 M_j 中存在故障功能[步骤（9）]，

为了节省确定 M_j 存在故障功能的时间，可以根据 M_j 理论层选择那些与 c_i 最相关的端口。当然，这样也增加了这一步骤的复杂性。最坏情况下，这个过程需要测试子模型的所有端口，特别是当不存在故障功能时。但是实际上，如果子模型中存在不正常的部件，则只需要测量子模型中的一部分端口即可。

步骤（9）中，可以使用一个正确的完备的定理证明器计算 $SD(M_j) \cup OK$ $(COMPS_j) \cup \{f_k(c_k)\} \cup OBS$ 的所有反驳，但是，只需要确定不一致性，因此一旦反驳出现，定理证明器即可停止。步骤（10）调用基于子模型 M_j 的诊断算法，假设运行时间为 $T_{mbd}(M_j)$。

通过以上分析，算法 dKRAMBD 在最坏情况下的复杂性可以表示为以下渐进表达式：

$$T(n) = O\left(\sum_{j=1}^{3} T_{mbd}(M_j)\right) + O(n) + O(1)$$

实际上，故障通常存在于一个或两个子模型中，因此经常可以得到以下时间复杂性表达式：

$$T(n) = O\left(T_{mbd}(M_j)\right) + O(n) + O(1)$$

或者

$$T(n) = O\left(T_{mbd}(M_i) + T_{mbd}(M_j)\right) + O(n) + O(1), \quad i,j = \{1,2,3\}$$

4.1.4 实验与结果

将图 4.1 所示的实验用例进行了多次改变，实际搭建了五个智能世界（IntW$_1$，IntW$_2$，IntW$_3$，IntW$_4$，IntW$_5$），并分别构造了它们的 KRA 模型（KRAM$_1$、KRAM$_2$、KRAM$_3$）和 dKRA 模型（dKRAM$_1$、dKRAM$_2$、dKRAM$_3$）。假设每个 dKRA 模型的子模型为 dM$_1$、dM$_2$ 和 dM$_3$，即物理世界、网络化世界和虚拟世界对应的模型。相应的关系如表 4.6 所示。

表 4.6　五个智能世界对应的关系和它们的模型

智能世界	KRA 模型	dKRA 模型	子模型/部件数		
IntW$_1$	KRAM$_1$	dKRAM$_1$	dM$_1$/8	dM$_2$/2	dM$_3$/3
IntW$_2$	KRAM$_2$	dKRAM$_2$	dM$_1$/12	dM$_2$/5	dM$_3$/5
IntW$_3$	KRAM$_3$	dKRAM$_3$	dM$_1$/7	dM$_2$/3	dM$_3$/5
IntW$_4$	KRAM$_4$	dKRAM$_4$	dM$_1$/10	dM$_2$/5	dM$_3$/7
IntW$_5$	KRAM$_5$	dKRAM$_5$	dM$_1$/8	dM$_2$/5	dM$_3$/3

根据故障功能所在的子模型的不同设计了 7 种故障功能，表示为 MF_i，$1 \leqslant i \leqslant 7$，这 7 种故障功能分别发生在 dM_1、dM_2、dM_3、$dM_1 \cup dM_2$、$dM_1 \cup dM_3$、$dM_2 \cup dM_3$ 或者 $dM_1 \cup dM_2 \cup dM_3$ 中。为每个智能世界中的每种故障功能设计了 3 个不同的、具体的故障，然后分别调用基于 $KRAM_i$ 的 MBD 算法以及基于 $dKRAM_i$ 的 dKRAMBD 算法，即 MBD（$KRAM_i$）和 dKRAMBD（$dKRAM_i$），$1 \leqslant i \leqslant 5$。对于每个智能世界中的每种故障功能，记录三次故障调用 MBD（$KRAM_i$）和 dKRAMBD（$dKRAM_i$）（$1 \leqslant i \leqslant 5$）的平均时间。

以智能世界 $IntW_1$ 为例，假设故障功能在 $dKRAM_1$ 的子模型 dM_1 中（当然，故障功能也在 $KRAM_1$ 的 KRA 模型中），调用三次 MBD（$KRAM_1$）和 dKRAMBD（$dKRAM_1$），记录运行时间为 T_{mbd11}、T_{mbd12}、T_{mbd13} 和 $T_{dkrambd11}$、$T_{dkrambd12}$、$T_{dkrambd13}$，计算 $T_{avg11} = \sum_{i=1}^{3} T_{mbd1i} \Big/ \sum_{i=1}^{3} T_{dkrambdi}$ 的具体值用来表示基于 $dKRAM_1$ 的诊断过程对于基于 $KRAM_1$ 的诊断过程的优化。

五个智能世界的比较结果如图 4.4 所示。

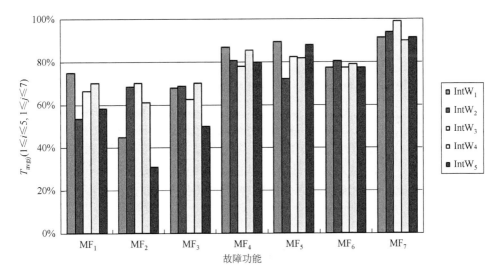

图 4.4　五个智能世界的比较结果

对于每种故障功能，计算 $R_j = \sum_{i=1}^{5} T_{avgij} / 5$ 的值，表示平均情况下，基于 dKRA 模型的诊断过程和基于 KRA 模型的诊断过程运行时间的具体值。从图 4.5 可以看出在平均情况下，对于故障功能 MF_1、MF_2 和 MF_3，dKRAMBD（$dKRAM_i$）花费的时间少于 MBD（$KRAM_i$）花费时间的 65%（$1 \leqslant i \leqslant 3$）；对于故障功能 MF_4、MF_5 和 MF_6，dKRAMBD（$dKRAM_i$）花费的时间少于 MBD（$KRAM_i$）花费时间

的 83%（$4 \leqslant i \leqslant 6$）；对于故障功能 MF_7，dKRAMBD（$dKRAM_7$）花费的时间少于 MBD（$KRAM_7$）花费时间的 95%。对于所有的故障类型，基于 dKRA 模型的诊断过程花费的平均时间是基于 KRA 模型的诊断过程花费的平均时间的 74.3%。

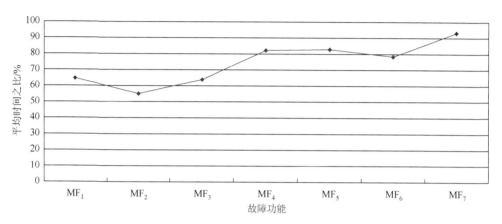

图 4.5　基于 dKRA 模型的诊断过程与基于 KRA 模型的诊断过程花费的平均时间的比较结果

4.1.5　小结

本节根据智能世界的特性重构了 KRA 模型框架，提出了可区分的 KRA 模型（dKRA），通过三个相互关联的子模型形式化智能世界的模型表示。给出的相关定理表明了诊断过程可以限制在一个或多个子模型中。提出了基于智能世界 dKRA 模型的诊断算法 dKRAMBD，从理论和实验角度分析了该方法对基于同一个智能世界的 KRA 模型的诊断过程的效率改进。但是，仍然有很多问题需要在未来的研究中继续探索，如怎样花费尽可能少的时间选择更少的端口进行测量等。

4.2　形式化智能环境下的物理世界建模过程

本节在 4.1 节提出的可区分的知识重构与抽象模型框架下，对智能世界的建模过程进行形式化，将 KRA 模型框架的感知过程扩展为初步感知和感知重构两步，使其能够表示并区分所提出的智能环境下物理世界的不同属性域的实体，得到智能环境下物理世界的层次模型。该模型统一定义物理实体，逻辑表示网络化实体，避免了重复感知。网络化实体之间以及物理实体和虚拟实体与网络化实体之间的关系定义为逻辑连接关系，同时，可以将以整个世界为推理空间的推理过程分解成在物理实体及连接构成的空间和在虚拟实体及连接构成的空间上的更小规模的推理过程，从而降低推理的复杂性。

4.2.1　智能环境下物理世界的层次模型

根据前面对智能环境下物理世界的构成实体的区分定义以及各种类型实体之间的连接类型，扩展 KRA 模型的感知层定义，使其能够表示并区分三种不同属性域的实体，同时重构感知过程，得到如图 4.6 所示的智能环境下物理世界的层次模型。基于该模型：①实现推理空间的重定位。模型中，物理实体及其之间的物理连接和网络化连接、虚拟实体及其之间的虚拟连接、物理实体和虚拟实体之间的网络化连接构成整个世界的实际通信关系，网络化实体之间的逻辑连接关系可以通过构成网络化实体的物理实体之间的连接关系推导确定。如诊断推理，可以根据故障特性，将推理定位在物理实体域或者虚拟实体域，来缩小诊断空间。当然这种定位是一种近似约束，并不能保证每次定位的正确性，最坏的情况下仍然需要在整个模型空间中进行推理过程。②物理实体统一定义，并从逻辑上用物理实体表示网络化实体，避免重复感知。网络化实体定义为一个逻辑概念，使得不必重复感知其构成实体，而用物理实体直接表示。③网络化实体之间的连接关系以及物理实体和虚拟实体与网络化实体直接的连接关系可以通过与构成网络化实体的物理实体通信得到，因此在网络化实体之间以及物理实体和虚拟实体与网络化实体之间存在逻辑连接关系，可以帮助实现模型的抽象分层。

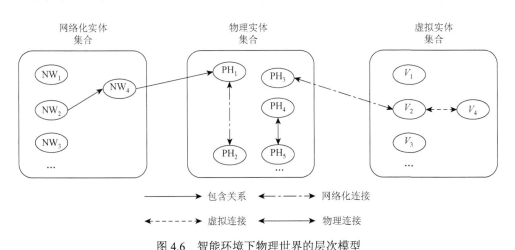

图 4.6　智能环境下物理世界的层次模型

4.2.2　智能环境下物理世界的实体域感知

在对智能环境下的物理世界进行初步感知过程时，根据作者基于 W 中各个对象存在的多种行为模式而提出的 KRA 模型的实体物理工作域扩展，对智能环境下物理世界的构成实体进行实体域感知，与物理工作域不同，这里提出的实体域根据 4.1 节中的相关概念定义为一种属性域，即物理域（物理实体）、网络化域（网络化实体）和虚拟域（虚拟实体）。感知构成实体的实体域的目的是对不同实体域的实体进行区分，以便初步生成三个可区分的实体库。扩展后的初步感知表示如下，详见 2.3 节介绍的扩展的 G-KRA 模型框架，这里用 D 表示实体域感知，是后面感知重构过程进行的前提：

$$P = \{D, \mathrm{OBJ}_D, \mathrm{ATT}, \mathrm{FUNC}_D, \mathrm{REL}_D\}$$

$$D = \{D_i \mid 1 \leqslant i \leqslant M\}$$

$$\mathrm{OBJ}_{D_i} = \{\mathrm{TYPE}_{D_i,j} \mid D_i \subseteq D, 1 \leqslant j \leqslant N, 1 \leqslant i \leqslant M'\}$$

$$\mathrm{ATT} = \{A_k : \mathrm{TYPE}_{D_i,k} \to \Lambda_k \mid D_i \subseteq D, 1 \leqslant k \leqslant L, 1 \leqslant i \leqslant M'\}$$

$$\mathrm{FUNC} = \{f_h : \mathrm{TYPE}_{D_i j_1 h} \times \mathrm{TYPE}_{D_i j_2 h} \times \cdots \times C_{D_i h} \mid D_i \subseteq D, 1 \leqslant h \leqslant S, 1 \leqslant i \leqslant M'\}$$

$$\mathrm{REL} = \{r_t \subseteq \mathrm{TYPE}_{D_i j_1 t} \times \mathrm{TYPE}_{D_i j_1 t} \mid D_i \in D, 1 \leqslant t \leqslant R, 1 \leqslant i \leqslant M'\}$$

例 4.1　修改图 4.1 所示的案例，同时为了描述提出的概念，在结构和功能上对其进行了一些改变。其中的物理开关对象集成了一个接收信号传感器和一个执行器，接收信号传感器接自感知周围环境温度的传感器发来的温度变化信号，并且将这些变化发送给虚拟世界中的某个对应的应用程序。虚拟世界处理接收的数据并且发送控制信号到执行器，以此决定开关的开和关状态。开关和灯通过物理线路连接。根据初步感知的定义，该智能环境下的物理世界如图 4.7 所示。

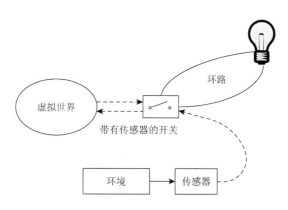

图 4.7　修改的智能环境下的物理世界用例

具体形式化描述如下：
$D = \{\mathrm{PHY}, \mathrm{NW}, V\}$ //表示三个实体感知域：物理实体、网络化实体和虚拟实体

$OBJ_{PHY} = COMP_{PHY} \bigcup \{PORT_{PHY}\}$，$COMP_{PHY} = \{WIRE, LIGHT, ENVIRONMENT,$ $SENSOR\}$

$OBJ_{NW} = COMP_{NW} \bigcup PORT_V\}$，$COMP_{NW} = \{NWSWITCH\}$

$OBJ_V = COMP_V \bigcup \{PORT_V \bigcup PORT_{NW}\}$，$COMP_V = \{V_1, V_2, \cdots, V_N\}$

//分别对三个域上的实体进行感知

$ATT = \{Objtype : OBJ_{D_i} \rightarrow \{wire, light, environment, sensor, nwswitch, v_1, \cdots, v_n\},$ $Direction : PORT_{D_i} \rightarrow \{in, out\}(D_i \in D), \cdots\}$

//定义各个域上的实体属性

$FUNC = \{Bwire : WIRE \rightarrow \{bwire_1, bwire_2, \cdots\}, Blight : LIGHT \rightarrow \{blight_1, blight_2,$ $\cdots\}, \cdots\}$

//定义实体的行为集合

$REL = \{port\text{-}of \subseteq PORT_{D_i} \times COMP_{D_i}, connected \subseteq PORT_{D_i} \times PORT_{D_j}, D_i, D_j \in D\}$

//定义实体之间的连接关系集合

获得的初步感知如图 4.8 所示。

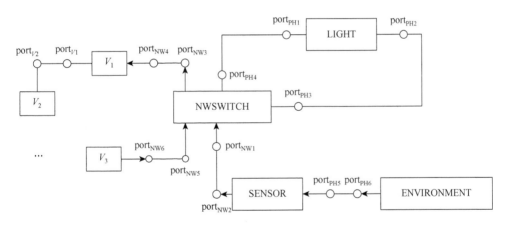

图 4.8　图 4.7 中用例所示世界的初步感知

4.2.3　智能环境下物理世界的感知重构

进一步对获得的初步感知进行感知重构：①对网络化域中的对象进行域区分感知，对每一个网络化对象中包含的物理实体进行物理域感知，并进行包含关系关联，若某个网络化对象中仍然包含其他的网络化对象，则建立它们之间的包含关系，并对所包含的网络化对象继续进行域区分感知；②根据每个网络化对象中包含的物理实体的功能描述和接口类型，确定其与物理域和虚拟域中其他实体之间连接关系；③删除初步感知中网络化对象与物理对象和虚拟对象之间的关联关系。

例4.2　对图4.8中智能环境下的物理世界的初步感知进行进一步的感知重构过程，可以得到如图4.9所示的感知结果。

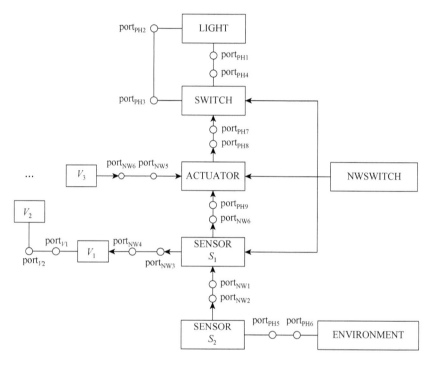

图4.9　感知重构结果

4.2.4　小结

本节扩展和重构 KRA 模型框架，从构成实体以及实体间联系的特征入手，对智能环境下的物理世界进行抽象表示，并对其建模过程进行形式化描述。构建的模型不仅可以避免物理实体的重复感知，帮助实现模型的自动分层，还可以实现推理空间的重定位，降低推理的复杂性，这部分内容将在 4.3 节中继续深入探索。本节提出的模型框架还带来了很多值得研究的方向，如网络化连接的安全性和模型的生存性研究、基于模型推理的复杂性问题、基于本体的模型抽象分层过程研究等。

4.3　智能环境下抽象与建模框架扩展及运行实例

4.3.1　相关概念的非形式化表示

本节继续扩展描述智能环境下的抽象建模框架，首先用图 4.10 给出前面提出的相关概念的非形式化表示。

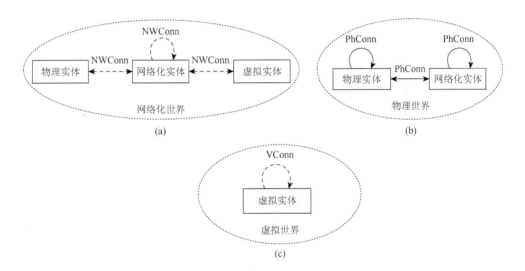

图 4.10　相关概念间的非形式化表示

三个世界之间关系的非形式化表示如图 4.11 所示。

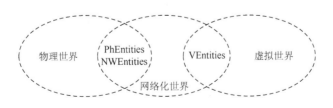

图 4.11　三个世界之间关系的非形式化表示

4.3.2　智能世界模型框架扩展

接下来给出智能环境下的物理世界在 dKRA 模型框架中的模型构建过程。

KRA 模型提出基于感知（来自于外部世界的信息）的基本抽象过程，感知是一个更加宽泛的表示框架 $R=(P, D, L, T)$ 的一部分，从四层描述了一个世界 W：感知层（P）、数据库层（D）、语言层（L）和理论层（T）。此处不再赘述，详见第 2 章内容。

　　KRA 模型的目标是衡量"更简单"感知的影响[88]，正如前面所述，该模型仅考虑静态世界，并且将其限制在对那些仅由感知层信息丢失所引起的抽象的研究[63]。Hendriks[9]考虑感知数据（感知操作的结果）的动态属性，并且用"abstraction"过程和"signification"过程细化 KRA 模型的单个描述算子，进而基于感知数据概念化"域"。重点在于对动态世界的约束条件和预先形式化分析以及对其感知激励的抽象，并且在于对结果语义信息模型的相互操作。

　　智能世界由多维信息构成，包括物理世界和网络化世界的结构和行为内容，或者虚拟世界的概念内容。因此，仅仅基于 KRA 框架对这样的世界进行统一建模是不恰当也是不够的。这里从三点考虑智能世界建模：①基本感知的重构过程，该过程对物理世界、网络化世界和虚拟世界的对象分别得到可区分感知；②关系构造过程，该过程构造三个世界之间的关系，以帮助将三个世界相互连接形成一个集成的模型；③作用在三个世界的相互关联的感知层的抽象过程，该过程将静态的、基于多重知识的抽象与动态抽象相互集成。

　　本节进一步将 4.1 节提出的智能世界模型进行扩展，并给出该模型的形式化感知过程，如图 4.12 所示。在该模型中，智能环境下的一个真实世界的基本感知 P 是通过一个对该世界的信号（或信息）获取过程 $\mathcal{P}$ 得到，即 $P=\mathcal{P}(W)$。这个感知被存储起来以便由一个记忆过程 $\mathcal{M}$ 进一步引用，进而生成一个外延表示 S 来组织基本感知（如一个关系型数据库），即 $S=\mathcal{M}(P)$。

　　根据 S 的部分值，基本感知 P 和结构 S 随后通过重构过程 R 进行重构，即 $R(P, S)=(P^*, S^*)$。重构过程分别得到三个世界中的对象的可区分感知，同时基本结构 S 相应地转化为 S^* 用以从外延上描述 P^*。

　　某两个世界交集中的对象（如属于物理世界和网络化世界交集的对象同时帮助构造了这两个世界）负责将两个世界进行连接并通信。因此，三个世界之间的关系可以使用关系构造过程 L 进行创建。然后，重构的感知可以通过一个描述过程 $\mathcal{D}$，使用一种符号方法进行描述，即 $L=\mathcal{D}(S^*)$。

　　最后一步用语言 L 描述理论，进而添加背景推理知识（域相关的或域无关的），即 $T=\mathcal{T}(L)$。

　　经过图 4.12 的六个步骤得到一个统一的、相互关联的智能世界模型 M。定义一个多重抽象过程 $\mathcal{A}$（如基于结构知识、行为知识、功能知识或概念信息表示改变）在每个世界实现单一抽象以及三个世界之间的关系抽象，即 $\mathcal{A}(P^*, S^*)=(P_a^*, S_a^*)$，

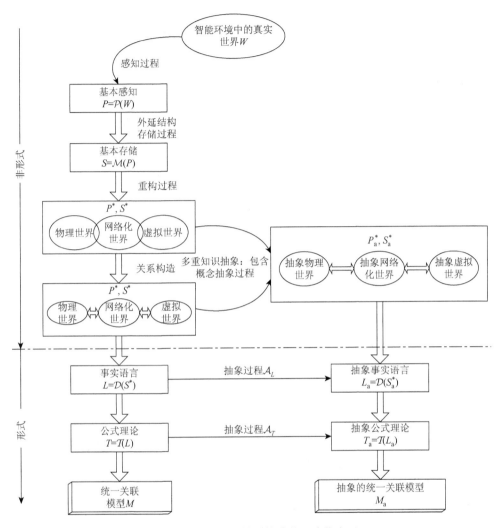

图 4.12　智能世界模型构建的形式化表示

如图中所示。根据 P^* 和 P_a^*、S^* 和 S_a^* 之间的映射关系，一个抽象过程 A_L 被定义将 L 的表示变为一个更加抽象的表示 L_a 来描述 P_a^*。相似地，一个抽象过程 A_T 被定义生成一个更抽象的理论 T_a。这些抽象步骤最终得到一个比 M 更抽象的模型 M_a。

　　图 4.12 的形式化模型框架从两个重要方面对 KRA 模型进行了扩展。第一，考虑到智能环境中对象的多样性和对象之间的动态通信，定义了一个重构过程将基本感知变为可区分感知分别描述三个世界。第二，针对 KRA 模型仅考虑静态世界，并且将其限制在对那些仅由感知层信息丢失所引起的抽象的研究的问题，定义了一个多重抽象过程 MA，该过程作用在三个世界的相

互关联的感知层上。多重抽象过程将静态的、基于多重知识的抽象与动态抽象相互集成。

4.3.3　运行实例

下面引入文献[86]中的原例，如图 4.13 所示，将该场景的世界称为 W_1。

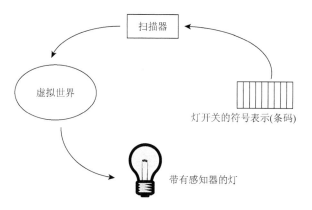

图 4.13　文献[86]中的"点亮灯泡"例子（W_1）

根据文献[86]，在图 4.13 的场景中，这些器件工作在称为"Cubes"的分区空间的开放环境中。Cubes 虽然被从上方点火，但是它没有单独的点火开关。一种解决方案称为移动计算方法，该方法不需要开关或连接开关和网络的导线。文献中使用灯开关的一个物理的但符号化的表示："灯"图标旁边的条码，该条码是在一张钉在 Cubes 墙上的纸上，可以预计这里会放置一个物理开关。一旦进入房间，则可以使用带有集成激光条码扫描器的便携式数字助理（portable digital assistant，PDA）和无线网络连接来扫描条码。感知到的标识符通过网络查找转换为 URL，然后对这个 URL 的一个 HTTP GET 操作点亮了这个 Cubes。

在 4.1 节中对图 4.13 的例子进行了结构和功能上的改变，图 4.1 中的例子即是由该例变化得到，这里将该场景的世界称为 W_2。该例中使用集成了传感器和执行器的物理开关，传感器感知环境的变换并将其发送到虚拟世界中的某个应用。虚拟世界处理接收到的数据，并将控制信号发送到执行器，决定开关是打开还是关闭。开关和灯之间通过物理导线连接。

接下来，给出一个简单的非形式化例子来展示对图 4.13 和图 4.1 中所示的世界的重构过程。

在对世界 W_1 的基本感知中，得到四种类型的实体:SW(SWITCH)、S_T(SCAN

NERwithTRANSMITTER）、LS（LIGHTSERVICE）和 L_A（LIGHTwithACTUA
TOR）。其形式化的表示（包括属性、行为等）在本书中不进行详细阐述。这个基
本感知存储在基本结构中，如 KRA 模型框架所述，此处省略不列。

基本感知中的对象通过重构过程$\mathcal{R}$被重新构建，之后，得到实体的可区分表
示，进而为分别构造三个世界及其之间关系提供了前提。

通过关系构造过程$\mathcal{L}$，某两个世界的交集中的实体被构造了两个副本，它们
通过其特定的属性互相关联和通信（关系的表示也可以形式化），因此构造了三个
可区分的世界及其互相之间的关系。

在W_1中，物理世界只有一个实体SW_1，该实体是物理实体 SW 的副本，它
在物理世界中与其他实体没有连接。实际工作的副本是网络化世界中的 SW_2。
SW_1 和 SW_2 之间的关系为空，即$Conn(SW_1, SW_2) = \varnothing$。非形式化的过程如图 4.14
所示。

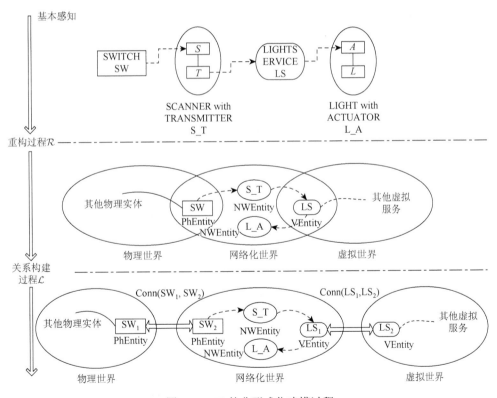

图 4.14　W_1 的非形式化建模过程

但是，在W_2中，开关 SW 是同时工作在物理世界和网络化世界的一个网络化
实体。在物理世界，副本SW_1通过导线与物理实体（LIGHT）连接，控制 L 的状

态（on 或 off）。SW$_1$ 的状态（open 或 closed）则由副本 SW$_2$ 控制，SW$_2$ 工作在网络化世界，控制的方式是通过 SW 一个属性值 ACTUATOR（NetworkedDevice={ACTUATOR, SENSOR}）。因此，物理世界和网络化世界之间的关系表示为 Conn(SW$_1$, SW$_2$)，该关系用 SW$_1$ 和 SW$_2$ 之间的关系构造，构造的方式是通过属性值 SW. NetworkedDevice=ACTUATOR。

在这个场景中，物理实体 ENV 表示环境，该环境只与 SW$_2$ 通过网络化连接进行通信，即 SW 的传感器负责感知环境中的亮度或其他因素。为了简化，这里仅在网络化世界中包含物理实体 ENV，如图 4.15 所示。

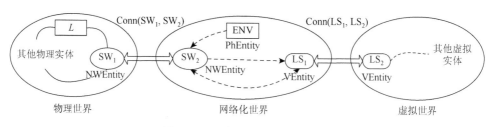

图 4.15　W_2 的非形式化建模结果

4.3.4　小结

本节进一步扩展智能世界可区分的 KRA 模型框架，考虑到智能环境中的对象多样性以及它们之间的动态通信，本节定义了一个重构过程$\mathcal{R}$来重新构建基本感知 P 和基本结构 S，分别描述了三个世界，这三个世界是通过那些同时工作在多个世界中的对象相连接。同时，本节定义了一个多重抽象过程$\mathcal{A}$，该过程作用在三个世界的相互关联的感知层上，将基于多重知识的静态抽象与动态抽象相集成。

4.4　基于 G-KRA 模型框架的智能世界建模

本节根据 4.1 节中对由物联网技术发展带来的智能世界的定义，对表示静态物理世界一般抽象模型的广义知识重构与抽象模型（G-KRA 模型）进行扩展，使其能够刻画所定义的智能世界。定义迭代的初步感知过程，在一定的前提假设下根据智能世界构成实体的特征，得到智能世界构成实体的可区分的初步感知。在抽象感知过程中，建立三个子世界的可区分实体与连接库，并生成三个子世界的网络化连接。同时，可以通过统一构建抽象对象库或者为三个子世界分别构建抽象对象库来实现智能世界的抽象感知过程。扩展后的 G-KRA 模型充分地考虑了不同类型实体的行为和连接特征，每个子世界由具有相同行为类型的实体和相同类型的连接构成，可以将推理问题定位在某个（些）子世界的模型中，从而缩小推理空间。

4.4.1　智能世界的表示框架

为了获得智能环境下物理世界的 G-KRA 关联模型，对 G-KRA 模型框架的初步感知和抽象感知过程进行扩展和重构。

根据前面对物理实体、网络化实体和虚拟实体的定义，在 G-KRA 模型的初步感知过程中，增加对每个实体的网络化特征感知，设为属性 NW，它的取值如下：

NW={ }；//空集，表示未集成任何网络化数字设备的物理实体；

NW={$D_1, D_2, \cdots, D_m$}//表示集成了网络化数字设备 $D_1, D_2, \cdots, D_m$ 的网络化实体；

NW=#Undefined//属性未定义，表示虚拟实体。

初步感知过程 P 是对真实世界的第一步感知，相当于概念建模中的知识获取过程，包含了感知者根据模型应用领域、推理需求等预定义的感知假设。这里对网络化实体的结构进行以下假设：任一个网络化实体 NWEntity 和网络化数字设备 D，$D \in$NWEntity.NW，则 D 不是一个网络化实体。对于 D 是网络化实体的情况，将 NWEntity 和 D 的属性包含关系定义为两个网络化实体之间的连接关系。由此，可以将初步感知过程P重定义为一个迭代过程，直到智能世界的所有构成实体以及所有网络化实体集成的网络化数字设备全部被感知，具体过程描述如下：

（1）W=被感知的智能世界，Assumptions=初步感知假设集合；

（2）$P_0 = \mathcal{P}_0(W, \text{Assumptions})$；

（3）$W^* = \{\}$；

（4）对于P_0中每一个NW属性不为空且未进行标记的实体NWEntity$_i$($1 \leqslant i \leqslant m$){标记 NWEntity$_i$; W^*+=NWEntity$_i$.NW}；

（5）Assumptions*=Update(Assumptions)；

（6）$P_1 = \mathcal{P}_1(W^*, \text{Assumptions}^*)$；

（7）对于 P_1 中每一个 NW 属性不为空的实体D_j，设$D_j \in$NWEntity'.NW, $1 \leqslant j \leqslant n$ {NWEntity'.NW−=D_j, P_0+=D_j, P_1−=D_j，刻画 D_j 并建立 NWEntity'和D_j之间的网络化关联关系}；

（8）重复执行（4）～（8）步，直到 P_0 中不存在 NW 属性不为空的实体为止。

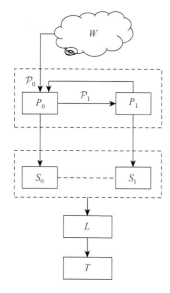

图 4.16　初步感知的作用
过程和结果

为了简化讨论，在上面的描述中仅用感知层表示初步感知过程，G-KRA 模型的结构层、语言层和理论层可以在构建感知层的过程中进行迭代更新，与初步感知同步生成。初步感知过程的作用结果是获得了被感知的智能世界在给定假设下的所有构成实体的特性感知、网络化实体集成的网络化数字设备的特性感知以及各个实体之间的连接关系，初步感知的作用过程和结果如图 4.16 所示。

将抽象感知过程分为四步：①建立三个子世界的可区分实体与连接库；②建立三个子世界的网络化连接，根据 4.1 节对智能世界中的各种构成实体以及实体之间关系的定义可知，初步感知 P_0 中的实体可以通过属性 NW 进行实体类型分类，并根据各个连接关系包含的实体类型进行实体连接的类型分类，从而生成可区分的实体与连接库，即三个子世界对应的感知，而 P_0 中不属于任何子世界的连接关系一定是三个子世界之间的网络化连接；③构建统一的抽象对象库，并对三个子世界进行抽象感知，分别生成三个子世界对应的抽象模型；④根据初步感知构建的网络化连接关系生成对应的抽象模型关联关系，建立三个子世界抽象模型关联关系。

整个抽象感知过程如图 4.17 所示。

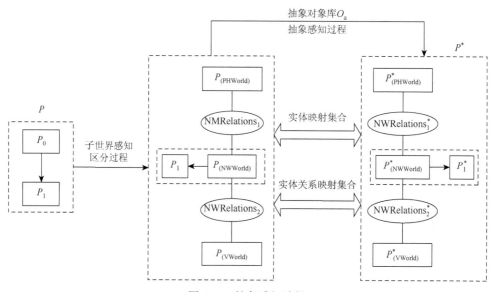

图 4.17　抽象感知过程

4.4.2　实例

这里仍然以图 4.1 中所示的智能世界为例。

初步感知过程构建了初步感知 $P=P_0 \cup P_1$，用（OBJTYPE, {}/{D_1, D_2, …}/#UNDEF）表示感知实体的类型以及实体的 NW 属性：

P_0={(WIRE, {}), (LIGHT, {}), (NWSWITCH, {ACTUATOR, SENSOR}), (ENVIRONMENT, {}), (VSTYPE$_1$, #UNDEF), (VSTYPE$_2$, #UNDEF), …, R_1(WIRE, LIGHT), R_2(WIRE, NWSWITCH), R_3(ENVIRONMENT, NWSWITCH), R_4(VSTYPE$_1$, NWSWITCH), R_5(VSTYPE$_1$, VSTYPE$_2$), R_6(VSTYPE$_2$, NWSWITCH), …}

P_1={(ACTUATOR, {}), (SENSOR, {}), Rel$_1$(WIRE, ACTUATOR), Rel$_2$(ENVIRONMENT, SENSOR), Rel$_3$(VSTYPE$_1$, SENSOR), Rel$_4$(VSTYPE$_2$, ACTUATOR)}

对初步感知 P 进行子世界感知区分过程，得到三个子世界及其之间的关系：

$P_{(\text{PHWorld})}$={(WIRE, {}), (LIGHT, {}), (ENVIRONMENT, {}), R_1(WIRE, LIGHT)}

$P_{(\text{NWWorld})}$={(NWSWITCH, {ACTUATOR, SENSOR})}

$P_{(\text{VWorld})}$={(VSTYPE$_1$, #UNDEF), (VSTYPE$_2$, #UNDEF), R_5(VSTYPE$_1$, VSTYPE$_2$)}

NWRelations$_1$={R_2(WIRE, NWSWITCH), R_3(ENVIRONMENT, NWSWITCH)}

NWRelations$_2$={R_4(VSTYPE$_1$, NWSWITCH), R_6(VSTYPE$_2$, NWSWITCH)}

抽象对象库的构建与具体知识类型有关，如根据实体功能定义，WIRE 类型实体与 LIGHT 类型实体可以抽象为 RESISTOR 型实体，而 SENSOR 类型实体与 ACTUATOR 类型实体也可抽象为 PIPE 型实体，本书省略具体抽象感知与映射描述的形式化过程，作为后续研究的内容。

4.4.3　小结

本节扩展了表示静态物理世界一般抽象模型的广义知识重构与抽象模型（G-KRA 模型），使其能够刻画所定义的智能世界；指出可以通过区分各个实体的网络化特征将智能世界构建成相互关联的三个不同的子世界。与统一地建模相比：①充分地考虑了不同类型实体的行为和连接特征，每个子世界由具有相同行为类型的实体和相同类型的连接构成，可以分别建立统一的推理机制；②各个子世界之间通过网络化连接进行通信，更有利于研究整个智能世界的通信安全问题；③可以通过将推理问题定位在某个（些）子世界的模型中，降低推理过程的复杂性；④抽象过程可以分别进行，并通过子世界之间的网络化连接进行各个抽象层之间的通信，降低抽象过程的复杂性。

第 5 章　业务流程的一般抽象模型框架

本章根据 2.1 节引入的 KRA 模型框架定义流程模型，给出基于"感知-抽象"迭代过程的流程模型构建方法，同时用运行实例给出了流程分层抽象过程。然后，基于作者对 KRA 模型的多域扩展，进一步在流程模型构建过程中引入多域概念，简化推理实现流程模型多维构建。最后，本章引入目标知识，对业务流程模型进行基于目标的概念模型构建，进而为用户提供决策指导。

5.1　基于 KRA 模型框架的业务流程抽象建模

本节介绍一个基于 KRA 模型框架的流程抽象建模过程的形式化新方法，该方法是一个基于"感知-抽象"的迭代学习过程。

5.1.1　初始流程感知

特定领域的流程抽象模型可以通过感知包含建模知识（称为初始知识）的、具体的流程来构建。本节定义一些概念来表示初始流程感知，并且通过一个动态的过程来获得初始知识。

将流程实例定义为"为了完成一个任务或者获得某个目标而进行的具体的执行过程"，这个过程依据一些规则，并且有一些执行者参与其中。

定义 5.1（流程实例感知，process instance perception）　一个流程实例感知是对真实世界的特定领域中的完整的、具体的业务过程的形式化描述，可以将其表示为一个三元组：ProcInsP=（ProcInstanceName, ProcInsPList，GlobalConstraints）。其中：ProcInstanceName 是流程运行的领域，即流程实例感知的类型；ProcInsPList 确定了流程实例感知中的所有有序行为步；GlobalConstraints 是整个流程执行过程中必须满足的条件集合。

定义 5.2（行为实例感知，activity instance perception）　一个行为实例感知是对流程实例感知中的一个步骤的形式化描述，定义为一个五元组：ActInsP=(ActType, Roles, ResourcesIN, ResourcesOUT, LocalConstraints)。其中：ActType 表示构成流程实例感知的行为的类型；Roles 表示负责完成该行为的一个或多个具有一定类型（如职位类型、角色类型）属性的执行者或参与者；ResourcesIN 是行为需要或处理的某些种类的资源；ResourcesOUT 是行为产生的或修改后的某种类型的资源；LocalConstraints 表示行为得以执行而必须满足的条件的集合。

这里将在真实世界、人造系统、信息系统或者它们的混合系统中获取某个领域内的具体的流程实例感知的过程定义为初始流程感知（initial process perception，IniProcP），初始流程感知过程追踪实际的流程执行过程，从而生成具体的流程实例感知。

下面引入文献[89]中流程模型的例子——Write Travel Report 来说明定义的概念，如图 5.1 所示。为了更清楚地阐述本书提出的概念，在这个例子上进行了细微的改变，加入了一些细节的流程步骤以及完成流程的参与者。

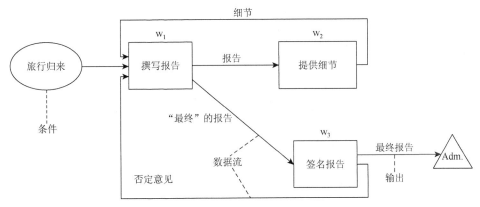

图 5.1　Write Travel Report 流程

假设有三个员工 E_1、E_2 和 E_3，他们分别执行 Write Travel Report 流程。其中 E_1 没有被派出旅行的经历，而另外两个则分别去了意大利和美国。在感知他们各自的具体流程的过程中，三个人分别作为流程执行过程的参与者（或者执行者）。因此，通过调用初始流程感知过程 IniProcP，共确定了三个流程实例感知。

(ProcPerceptionE_1, ProcPerceptionListE_1, GlobalConstraintsE_1)

ProcPerceptionListE_1={}

GlobalConstraintsE_1={return from nowhere}

(ProcPerceptionE_2, ProcPerceptionListE_2, GlobalConstraintsE_2)

ProcPerceptionListE_2={writeReport, requestDetails, provideDetails, fillInDetails, submitReport, checkAndsign}

GlobalConstraintsE_2={return from Italy}

(ProcPerceptionE_3, ProcPerceptionListE_3, GlobalConstraintsE_3)

ProcPerceptionListE_3={writeReport, submitReport, checkAndsubmitObjections, receiveObjections, reviseReport, submitReport, checkAndsign}

GlobalConstraintsE_3={return from America}

为了理解 ProcPerceptionList 中每个行为实例感知的组成部分，可以用图 5.2 来详细地描述具体的流程实例感知。

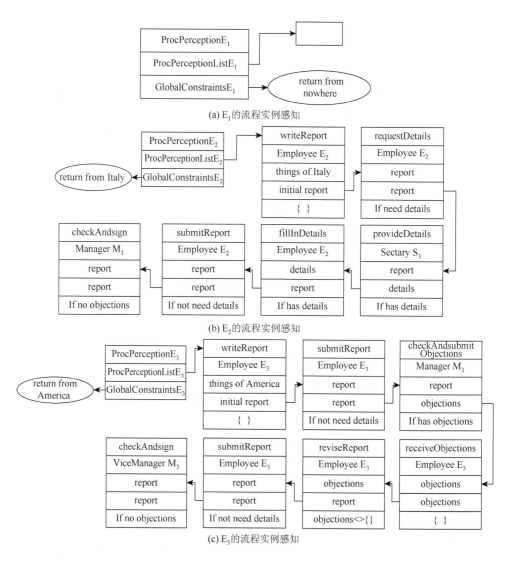

图 5.2　E_1、E_2 和 E_3 的具体流程实例

定义 5.3（初始行为感知类）　假设 ProcInsPSet 是流程感知过程 IniProcP 生成的流程实例感知集合，即 ProcInsPSet={ProcInsP$_1$, ProcInsP$_2$, ⋯, ProcInsP$_n$}。为了简化表示，用行为实例感知列表来表示每一个流程实例感知 ProcInsP，

也就是 $\text{ProcInsP}_k = (\text{ActInsP}_{k1}, \text{ActInsP}_{k2}, \cdots, \text{ActInsP}_{km_k}), 1 \leqslant k \leqslant n$。一个初始行为感知类是一些行为实例感知的集合，即 $\text{IAPC} = \{\text{ActInsP}_{ij} \mid 1 \leqslant i \leqslant n, 1 \leqslant j \leqslant \max(m_1, m_2, \cdots, m_n)\}$。

以图 5.2 为例，基于三个流程实例感知的初始行为实例感知 IAPC 生成如下：

IAPC={writeReportE$_2$, writeReportE$_3$, requestDetailsE$_2$, provideDetailsS$_1$, fillInDetailsE$_2$, submitReportE$_2$, submitReportE$_3$, checkAndsignM$_1$, checkAndsignM$_2$, checkAndsubmitObjectionsM$_1$, receiveObjectionsE$_3$, reviseReportE$_3$}

IAPC 的构成使得流程实例感知共享行为实例感知，因此，IAPC 与流程实例感知之间建立起映射关系，简化了流程实例感知的表示，如图 5.3 所示。

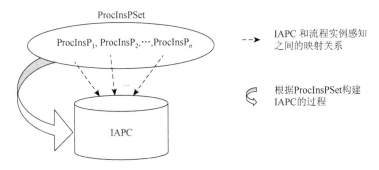

图 5.3　通过 ProcInsPSet 以及 IAPC 与 ProcInsPSet 中的流程实例之间的映射关系构建 IAPC 的过程

注意，IAPC 完全由行为实例感知构成，因此是从实际世界中获得的最直接和细节的知识。构造 IAPC 的过程是动态的迭代过程。随着被感知的具体流程的增多，IAPC 中包含的行为实例感知也增加。事实上，有很多具有相同行为类型的行为实例感知应该被集成为抽象的行为实例感知，下面的内容将详细介绍。

5.1.2　流程抽象感知

特定领域的流程实例感知可以由初始流程感知过程 IniProcP 生成，这些流程实例感知构成了初始行为感知类 IAPC。对于具有相同行为类型的流程实例感知，可以应用聚合操作生成抽象的（合成的）行为感知。

1. 行为抽象感知

IAPC 中一些行为实例感知具有相同的类型，不同的执行者、输入/输出资源或者约束条件。这里引入一个算子 φ 作用于具有相同类型的行为实例感知集合 S，将它们聚合成一个抽象的行为感知，表示为 AbsActP，该过程记为 $\varphi(S)=$AbsActP。

根据行为实例感知的组成对象，在算子 φ 中包含三个运算：角色类型抽象（role type abstraction）运算、输入/输出资源类型抽象（in/out resource type abstraction）运算以及约束条件抽象（constraints abstraction）运算。

角色类型抽象运算从不同的具体执行者完成的行为感知中找出不同的执行者类型（如职位或者参与者的角色等）。一个行为感知可以由一个或多个类型的执行完成（如经理和副经理都有权利查看和签署某些报告），因此执行者类型抽象运算的结果是执行者类型的集合，该集合中的所有类型的执行者均可以调用该行为感知。

输入/输出资源类型抽象运算作用于 IAPC 中具有相同类型的行为实例感知的组成部分 ResourceIn 和 ResourceOut，生成它所需要的资源类型。当一个特定的流程运行时，它总是需要使用或处理某种类型的资源，因此，修改后的资源或者新类型的资源将作为输出资源被生成输出。例如，Teacher 类型的执行者将学生的作业和期末考试试卷作为输入资源，而通过工作感知 ExaminAndGrade，生成学生成绩报告单作为输出资源输出。

约束条件抽象运算作用于不同流程实例感知的组成部分 GlobalConstraints 以及不同行为感知的组成部分 Constraints，该运算聚合或者合并其中的约束条件。以图 5.2 为例，三个流程感知的组成部分 GlobalConstraints 分别为"return from nowhere"、"return from Italy"和"return from America"，通过约束条件抽象运算，这三个约束条件聚合成一个抽象的约束条件"return from somewhere"，即表示一个人如果没有实际往返过某个地方，则不允许执行该流程。

定义 5.4（抽象行为感知类）　一个抽象行为感知类由抽象行为感知构成，这些抽象行为感知是迭代地在初始行为感知类 IAPC 应用算子 φ 的运算结果。即 AAPC=$\{$AbsActP$_j|$AbsActP$_j=\varphi(S_j)$, $1 \leqslant j \leqslant s\}$，其中 S_j 是 IAPC 中某个具有相同类型的行为实例感知集合。

对于图 5.2 中的例子，在三个流程实例感知基础上，5.1.1 小节中构造了初始行为感知类，可以分解为 9 个具有相同类型的行为实例感知，表示如下：

$$\text{IAPC}=\bigcup_{i=1}^{9} S_i$$

$S_1=\{$writeReportE$_2$, writeReportE$_3\}$

$S_2=\{$requestDetailsE$_2\}$

$S_3=\{$provideDetailsS$_1\}$

$S_4=\{$fillInDetailsE$_2\}$

S_5={submitReportE$_2$, submitReportE$_3$}

S_6={checkAndsignM$_1$, checkAndsignM$_2$}

S_7={checkAndsubmitObjectionsM$_1$}

S_8={receiveObjectionsE$_3$}

S_9={reviseReportE$_3$}

对每个 $S_i(1 \leqslant i \leqslant 9)$ 应用算子 φ，得到抽象行为感知类，如下：

AAPC={ AbsActP$_1^*$, AbsActP$_2$, AbsActP$_3$, AbsActP$_4$, AbsActP$_5^*$, AbsActP$_6^*$, AbsActP$_7$, AbsActP$_8$, AbsActP$_9$}

AbsActP$_1^*$=(writeReport, Employee, travelResource, report, {})

AbsActP$_2$=(requestDetails, Employee, report, report, {If need details})

AbsActP$_3$=(provideDetails, Sectary, report, details, {If has details})

AbsActP$_4$=(fillInDetails, Employee, details, report, {If has details})

AbsActP$_5^*$=(submitReport, Employee, report, report, {If not need details})

AbsActP$_6^*$=(checkAndsign, {Manager, Vice　Manager}, report, report, {If　no objections})

AbsActP$_7$=(checkAndsubmitObjections, Manager, report, objections, {If has objections})

AbsActP$_8$=(receiveObjections, Employee, objections, objections, { })

AbsActP$_9$=(reviseReport, Employee, objections, report, {If has objections})

在抽象行为感知类中，带有符号"*"的抽象行为感知表示从多于一个行为实例感知聚合生成。

到此，可以生成 IAPC 和 AAPC 之间的映射关系，该关系是一个多对一的映射，表示为 Mappingφ。

2. 行为关系抽象感知

假设 ActInsP$_1$ 和 ActInsP$_2$ 是包含在流程实例感知中的两个行为实例感知，如果 ActInsP$_1$ 的执行在 ActInsP$_2$ 的执行之前（或之后）被感知，就说 ActInsP$_1$ 和 ActInsP$_2$ 之间具有一个顺序关系，表示为 ActInsPRel$_{(\text{ActInsP}_1, \text{ActInsP}_2)}$（或ActInsPRel$_{(\text{ActInsP}_2, \text{ActInsP}_1)}$）。

假设在映射 Mappingφ 的作用下，ActInsP$_1$ 和 ActInsP$_2$ 对应的抽象行为感知分别为 AbsActP$_1$ 和 AbsActP$_2$，则定义 AbsActP$_1$ 和 AbsActP$_2$ 之间的关系为 AbsActPRel$_{(\text{AbsActP}_1, \text{AbsActP}_2)}$（或者 AbsActPRel$_{(\text{AbsActP}_2, \text{AbsActP}_1)}$）。

定义 5.5（抽象行为关系类）　一个抽象行为关系类由抽象行为感知之间的关系构成，即 AARC = {AbsActPRel$_{(\text{AbsActP}_i, \text{AbsActP}_j)}$ | AbsActP$_i$, AbsActP$_j \in$ AAPC}。

抽象行为关系类可以通过跟踪流程实例感知以及使用 IAPC 和 AAPC 之间的

映射关系来生成。为了更清楚地表示，这里使用 $AbsActP_i \rightarrow AbsActP_j$ 来表示 $AbsActPRel_{(AbsActP_i, AbsActP_j)}$。

对于图 5.2 中的例子：

AARC={writeReport→requestDetails, requestDetails→provideDetails, provideDetails →fillInDetails, fillInDetails→submitReport, submitReport→checkAndsign, writeReport →submitReport, submitReport→checkAndsubmitObjections, checkAndsubmit Objections→receiveObjections, receiveObjections→reviseReport, reviseReport →submitReport}

5.1.3　流程抽象建模

基于抽象行为感知类和抽象行为关系类，可以自动生成一个流程抽象模型。在给出具体的构造过程之前，首先给出流程抽象模型的形式化描述。

定义 5.6（流程抽象模型，process abstraction model，ProAM）　一个流程抽象模型 ProAM 定义为一个二元组集合，即 $ProAM=\{(AbsActP_i, PreAbsActPs_i)|1 \leq i \leq k\}$，其中 $AbsActP_i$ 是一个到抽象行为感知类 AAPC 中的某个抽象行为感知的映射，$PreAbsActPs_i$ 表示到抽象行为感知的映射的集合，这些抽象行为感知需要在 $AbsActP_i$ 之前执行。

如果 $PreAbsActPs_k=\{\}$，则 $AbsActP_k$ 称为起始抽象行为感知，即流程抽象模型的执行入口。

如果 $AbsActP_k=End$（End 是一个结束标示符，表示流程终止），则 $PreAbsActPs_k$ 中的抽象行为感知表示流程抽象模型的最后一步。

（$AbsActP_t$, $PreAbsActPs_t$）可以根据抽象行为关系类生成。对于每一个 $AbsActPRel_{(AbsActP_i, AbsActP_j)} \in AARC$，如果 $AbsActP_j=AbsActP_t$，则 $PreAbsActPs_t= PreAbsActPs_t \cup \{AbsActP_i\}$。

基于"感知-抽象"过程的流程抽象建模过程如图 5.4 所示。注意，AARC 和流程抽象模型不存储实际的抽象行为感知，而是存储到 AAPC 的映射。AAPC 和 AARC 也可以用来设计基于某些新规则和顺序的特定领域中的流程模型，这是一个共享和重用实际世界中的流程感知相关知识的机制。

回顾前面的例子，可以生成以下流程抽象模型：

ProAM={(writeReport, {}), (requestDetails, {writeReport}), (provideDetails, {requestDetails}), (fillInDetails, {provideDetails}), (submitReport, {writeReport, fillInDetails, reviseReport}), (checkAndsubmitObjections, {submitReport}), (receiveObjections, {checkAndsubmitObjections}), (reviseReport, {receiveObjections}), (checkAndsign, {submitReport}), (Adm., {checkAndsign})}}

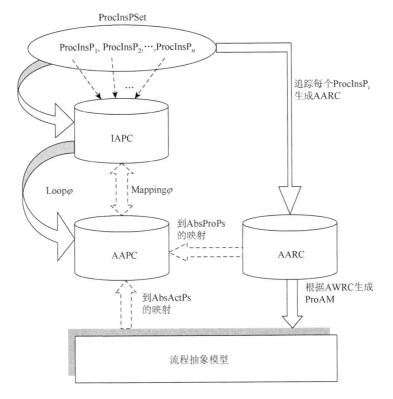

图 5.4　基于"感知-抽象"过程的流程抽象建模

其中，**Adm.** 是该流程抽象模型的 END 标识符，用图 5.5 表示流程抽象模型。

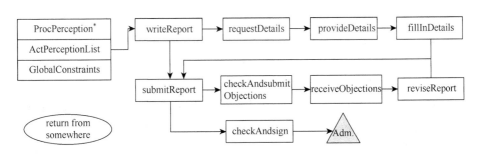

图 5.5　Write Travel Report 流程抽象模型

5.1.4　小结

本节提出了一个新的方法构造流程抽象模型。通过感知过程，生成实际世界中的具体的流程实例。随着更多的流程实例被感知，定义了抽象算子来获取这些流程实例共享的、不同的工作步，并且进行抽象操作来生成抽象的流程。根据抽象流程，构造了基于抽象工作步的流程抽象模型，这是一个"感知-抽象"的过程，正如物理世界一般抽象建模一样，因此最终的模型与特定领域中存在的流程保持一致，而不是那些从理论上设计得到的流程模型。根据本节内容，可以继续探索运行流程抽象模型的有效性以及构造流程抽象模型的复杂性问题。

5.2　基于 G-KRA 模型框架的业务流程建模

5.1 节中，将 KRA 模型与业务流程建模过程结合，使业务流程建模过程成为了一个"感知-抽象"的迭代学习过程。而与 KRA 模型相比，广义 KRA 模型（G-KRA 模型）则在表示客观世界的不同抽象粒度角度上更加一般、更加灵活。本节基于 G-KRA 模型框架给出了业务流程建模的一般过程，根据功能知识引入了功能感知的概念，自动构造业务流程抽象对象库 ProO$_a$。构造基本行为感知和 ProO$_a$ 中的基于功能的业务流程抽象对象之间的映射关系来实现基本行为感知与相应关系的替换操作。通过这些映射关系，生成了基于功能的业务流程抽象模型以简化基本业务流程模型的表示。

5.2.1　引入相关概念

这里首先基于文献[90]和[91]提出几个概念，然后给出一个过程 GeneProO$_a$ 来表示基于功能的业务流程抽象对象库 ProO$_a$ 的生成过程。本节构造了基本行为感知和基于功能的业务流程抽象对象库 ProO$_a$ 之间的映射关系，最后用相应的映射替换基本行为感知，生成了给予功能的业务流程抽象模型并引入 5.1 节中的业务流程实例描述提出的概念和建模结果。

定义 5.7（基本行为感知）　一个基本行为感知 ActP 是一个五元组，即 PriActP= (PriActType, PriAgentsType, PriResourceIN, PriResourceOUT, PriConds)，其中 PriActType 是行为的类型，PriAgentsType 表示该行为的参与者的类型，PriResourceIN 是该行为处理的资源类型，PriResourceOUT 是通过执行该行为生成的结果资源，PriConds 表示行为得以执行的约束条件。

基本行为感知与文献[90]中的行为感知构造过程相同，通过使用基本知识直观地确定了所感知到的业务流程 Pro 的基本模型。需要注意的是，从某些特定领域中的相同的业务流程获得的信息根据基于本体和约束条件的不同而不同。

定义 5.8（基本行为关系感知）　假设 PriActP$_1$ 和 PriActP$_2$ 是两个基本行为感知，则将它们之间的关系定义为一个四元组，PriActRelP=(PriActP$_1$, PriActP$_2$, PriActRelType, PriActRelConds)，即表示当条件集合 PriActRelConds 中包含的条件成立时，PriActP$_1$ 和 PriActP$_2$ 之间拥有类型为 PriActRelType 的关系。

与行为关系感知类似，可以使用以下表示来理解基本行为关系感知 PriActRelP 的定义：

$$\boxed{\text{PriActP}_1} \xrightarrow[\text{PriActRelConds}]{\text{PriActRelType}} \boxed{\text{PriActP}_2}$$

这个表示说明了两个基本行为感知之间的执行顺序，根据文献[90]，PriActP$_1$ 的输入资源 PriResourceIN 可以定义为 PriActRelP 的输入资源，而 PriActP$_2$ 的输出资源 PriResourceOUT 可以定义为 PriActRelP 的输出资源。

定义 5.9（基本流程感知）　一个基本流程感知是一个四元组，即 PriProP= (PriProField, PriActPSet, PriActRelPSet, PriProCondSet)。其中：PriProField 表示业务流程所属的工作域；PriActPSet 是构成基本业务流程感知的基本行为感知集合，即 $\text{PriActPSet} = \bigcup_{i=1}^{m} \text{PriActP}_i$；PriActRelPSet 表示基本行为关系感知集合，即 $\text{PriActRelPSet} = \bigcup_{i=1}^{s} \text{PriActRelP}_i$；PriProCondSet 表示作为全局条件必须为真的约束条件集合。

引入两个标识符 START 和 END，表示基本流程感知的起始行为感知和终止行为感知。详细内容参考文献[90]。

为了构造抽象流程行为库，引入了功能感知的概念来表示基本行为感知和基本行为关系感知的行为抽象。

定义 5.10（功能感知）　一个功能感知是对一个行为感知或一个行为关系感知所完成的动作的抽象描述，用形式 FuncName(ResType$_1$, ResType$_2$)来表示，即功能感知 FuncName 处理资源 ResType$_1$，同时生成结果资源 ResType$_2$。

基于功能的流程抽象对象库 ProO$_a$ 定义为由不同功能感知构成的集合，该集合可以手动预生成或者通过自动推导得出。

5.2.2　基于功能的业务流程 G-KRA 模型构建

G-KRA 模型中定义抽象对象时丢弃了对象的一些属性信息，与此不同，本书中定义的基于功能的流程抽象对象库 ProO$_a$ 中的功能感知是基于功能知识生成，并且可以根据它们所处理的资源类型而自动推导生成。用算法 GeneProO$_a$ 表示基于功能的流程抽象对象库 ProO$_a$ 的生成过程。

注意的是，这样生成的功能感知非常一般，语义信息很弱，但是却可以大大简化模型表示，并且完全保证推理能力不受损失。也可以用更复杂的表示，根据真实的功能语义信息人工定义功能感知，本书不进一步讨论。

算法 GeneProO$_a$

输入一个特定的流程感知 ProP

　　　//假设 S 表示被感知业务流程 ProP 处理的可区分类型资源的集合，每个行为感知只有一个输入资源和一个输出资源

$S=\{ \}$

　　　//S 是通过对 ProP 中的行为感知分类自动构造生成的集合

对于 ProP 中的每个行为感知 ActP$_i$∈ProP{

If(TYPE$_{IN}$(ActP$_i$) ∉ S), S+=TYPE$_{IN}$(ActP$_i$)

If(TYPE$_{OUT}$(ActP$_i$) ∉ S), S+=TYPE$_{OUT}$(ActP$_i$)

}

　　　//TYPE$_{IN}$(ActP$_i$) 和 TYPE$_{OUT}$(ActP$_i$)分别表示 ActP$_i$ 处理的输入/输出资源的类型

$k=1$

For($i=1$; $i\leq|S|$; i++)

For($j=1$; $j\leq|S|$; j++)//$|S|$表示 S 中不同资源类型的数量

ProO$_a$+=$F_k(S_i, S_j)$

　　　//S_i, S_j∈S, F_k 定义为输入资源为 S_i、输出资源为 S_j 的抽象功能感知

假设 ProP 中行为感知数量为 n，不同类型的资源数量为 m，则算法 GeneProO$_a$ 从渐进意义上的复杂性可以表示为 $\max\{n, m^2\}\times O(1)$，生成 m^2 个功能感知。

例 5.1　以文献[89]中的业务流程"Write Travel Report"为例，基本业务流程模型可以如 5.1 节中描述的过程生成，结果如图 5.6 所示。

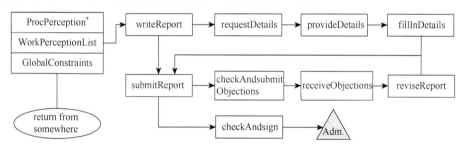

图 5.6　"Write Travel Report"的基本业务流程模型

图 5.6 中的基本行为感知可以描述如下：

PriActP$_1$=(writeReport, Employee, travelResource, report, {})

PriActP$_2$=(requestDetails, Employee, report, report, {If need Details})

PriActP$_3$=(provideDetails, Sectary, report, details, {If has details})

PriActP$_4$=(fillInDetails, Employee, details, report, {If has details})

PriActP$_5$=(submitReport, Employee, report, report, {If not need details})

PriActP$_6$=(checkAndsign, {Manager, Vice Manager}, report, report, {If no objections})

PriActP$_7$=(checkAndsubmitObjections, Manager, report, objections, {If has objections})

PriActP$_8$=(receiveObjections, Employee, objections, objections, { })

PriActP$_9$=(reviseReport, Employee, objections, report, {If has objections})

根据算法 GeneProO$_a$，首先生成图 5.6 中的业务流程的不同资源类型，即 {REPORT, INFO, ADVICE}。然后根据行为处理的资源类型得到功能感知集合作为基于功能的业务流程抽象对象库 ProO$_a$：F$_1$(REPORT, INFO), F$_2$(REPORT, ADVICE), F$_3$(INFO, REPORT), F$_4$(INFO, ADVICE), F$_5$(ADVICE, REPORT), F$_6$(ADVICE, INFO), F$_7$(REPORT, REPORT), F$_8$(INFO, INFO), F$_9$(ADVICE, ADVICE)。

构造基本行为感知集合与 ProO$_a$ 中的基于功能的流程抽象对象之间的映射关系，然后用相应的映射关系替换 PriProM 中的基本行为感知，生成基于功能的抽象模型 AbsProM，这个过程用算法 GeneAbsProM 描述。通过基本行为感知集合与 ProO$_a$ 之间的映射关系，可以简化基本流程模型的表示。

算法 GeneAbsProM
　　//假设 PriActS 是包含在基本流程模型 PriProM 中的基本行为感知集合
对于 PriActS 中的每个基本行为感知 PriActP$_i$
　如果存在 $F_k \in$ ProO$_a$ 且 F_k 的输入输出资源类型与 F_k 相匹配{
　Mapping$S$+=M_i(PriActP$_i$, F_k)
　将 PriProM 中的 PriActP$_i$ 用 M_i 进行替换
}

显然地，通过分析算法 GeneAbsProM 可以将渐进的时间复杂性表示为 $O(nm^2)$，其中 n 和 m 含义与前面定义相同。

例 5.2　根据算法 GeneAbsProM，可以生成例 5.1 中构造的基本行为感知集合 PriActS 与 ProO$_a$ 之间的映射关系，同时进一步生成图 5.6 中的业务流程"Write Travel Report"的基于功能的抽象模型 AbsProM。

PriActS 与 ProO$_a$ 之间的映射关系如图 5.7 所示。

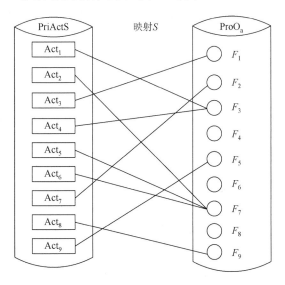

图 5.7　PriActS 与 ProO$_a$ 之间的映射关系

"Write Travel Report"的基于功能的抽象模型 AbsProM 如图 5.8 所示。

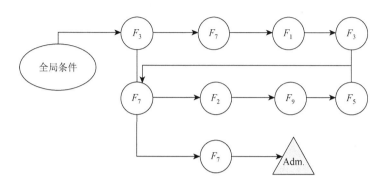

图 5.8　　"Write Travel Report"的基于功能的抽象模型 AbsProM

5.2.3　小结

本节提出了基于 G-KRA 模型的业务流程建模过程，根据功能知识引入功能感知的概念，自动生成了业务流程抽象对象库 ProO$_a$。这里生成的功能感知非常一般，语义信息较弱，但是能够大大简化模型表示，并且完全保证模型的推理能力。在将来的工作中，读者可以继续根据功能语义信息用更复杂的表示人工定义功能感知，得到具有较强语义信息的功能感知定义。构造基本行为感知与 ProO$_a$ 中的抽象对象之间的映射关系，从而实现基本关系到抽象关系的替换。通过这些映射关系，可以自动构造基于功能的业务流程抽象模型来简化基本业务流程模型的表示。

5.3　基于扩展的 G-KRA 模型框架的流程建模

再次引入一些概念在扩展的 G-KRA 模型中表示流程。

定义 5.11（行为感知）　一个行为感知是一个五元组，即 ActP=(ActName, Domains, RoleType, IN, OUT)。其中：ActName 是行为的表示符；Domains 表示行为所在的域的集合；RoleType 是负责执行任务的执行者的角色类型；IN 和 OUT 分别表示任务处理和提供的资源类型。

定义 5.12（行为关联感知）　一个行为关联感知是一个四元组，即 ActRelP=(RelType, ActP$_1$, ActP$_2$, Constraints)，表示当条件集合 Constraints 中的条件成立时，在行为感知 ActP$_1$ 和 ActP$_2$ 之间存在一个类型为 RelType 的连接。

注意一个行为可能发生在不止一个域，因此 ActP$_1$ 和 ActP$_2$ 之间的关联实际上是一个行为之间关联关系的集合，这些行为是基于 ActP$_1$ 和 ActP$_2$ 所在域被实例化的，如图 5.9 所示。

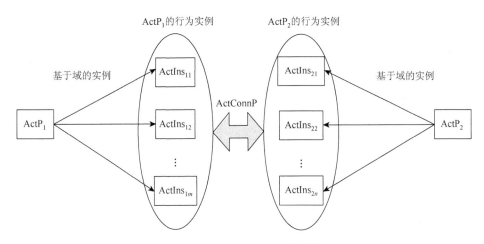

图 5.9　ActP$_1$ 和 ActP$_2$ 间的连接

定义 5.13（扩展 G-KRA 模型框架下的流程感知）　一个扩展 G-KRA 模型框架下的流程感知是一个三元组，即 MDProP=(ProDomain, ActInsSet, Rels)。其中：ProDomain 是被感知的流程的域；ActInsSet 是行为实例的集合，这些行为实例构成了流程的执行步；Rels 是行为实例之间的连接感知，体现了行为的执行顺序。

通过感知特定的流程，可以得到发生在不同域上的行为。这里给出生成多域流程模型和多行为感知实例的形式化过程，同时给出其与其他多域流程模型之间的接口，如算法 GenerateMDProAM 所示。

算法 GenerateMDProAM
输入：一个多域流程感知 MDProP=(ProDomain, Acts, Rels)
　　//假设 Acts={ActP$_1$, …, ActP$_n$}，ActP$_i$=(ActName$_i$, Domains$_i$, RoleType$_i$, IN$_i$, OUT$_i$)
对于行为集合 Acts 中的每一个 ActP$_i$
如果（|Domains$_i$|>1）//ActP$_i$ 发生在不止一个域
假设 Domains$_i$={D$_{i1}$, …, D$_{im}$}，构造具有 m 个不同域的实例，即 ActInsSet={ActIns$_1$, …, ActIns$_m$}，其中 ActIns$_k$ 的域是 ProDomain
对于每一个 ActP$_j$（与 ActP$_i$ 相关联），即 ActRelP=(RelType, ActP$_i$, ActP$_j$, Constraints)
改变 ActRelP 为 ActRelP*=(RelType, ActIns$_k$, ActP$_j$, Constraints)
Rels=Rels∪{ActRelP*}
　　//对于那些工作在多域中的行为感知，为每个域构造一个实例形成集合 ActInsSet，选择与被感知流程相同域的一个实例保存其与其他行为感知的连接关系。ActInsSet 中的行为实例具有不同的域，作为与其他具有不同域（属于 MDProP）的流程感知的接口保存

基于扩展的 G-KRA 模型框架的流程抽象建模过程如图 5.10 所示。

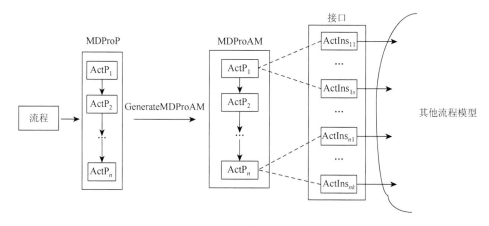

图 5.10 基于扩展的 G-KRA 模型框架的流程抽象建模过程

5.4 形式化多域流程抽象建模

抽象是人类感知、概念化和推理的普遍行为，在 5.1 节已经将 KRA 模型引入流程建模来形式化流程抽象建模过程。这是一个"感知-抽象"的迭代学习过程。在 5.2 节和 5.3 节中，分别基于广义 KRA 模型框架和扩展的 G-KRA 模型框架对流程抽象建模过程进行了描述。本节将继续对基于域扩展的 G-KRA 模型框架的流程建模过程进行形式化，将流程中的执行步看成多域行为，即它们能够在不同的流程中扮演不同的角色。通过感知那些工作在多域上的行为，形式化地定义了多域行为，并且通过这些多域任务构建了不同流程之间的多域关系，因此，建立了多域流程感知。多域流程模型比单一域流程模型表现出了更多的推理角度，从而拓宽了推理范围，简化了推理操作。

本节首先提出一些概念来描述多域流程感知、多域行为感知以及它们之间的关系，给出一个例子对提出的概念加以解释。然后，给出多域流程抽象建模过程的形式化描述。最后进行总结，同时提出作者基于本节研究内容将要开展的进一步工作。

5.4.1 相关概念

定义 5.14（多域行为感知，muti-domain activity perception） 一个多域行为感知是一个五元组，即 MD-ActP=(Doms, ActID, PerformerType, ResIn, ResOut)。其中：Doms 是行为发生的域的集合；ActID 是行为的标识符；PerformerType 是负责执行该行为的执行者类型；ResIn 和 ResOut 是行为处理和提供的资源的类型。

定义 5.15（关系感知，relation perception）　一个关系感知是一个四元组，即 RelP=(RelType, MD_ActP₁, MD_ActP₂, Conds)，表示当条件集合 Conds 中的条件成立时，在多重域行为感知 MD_ActP₁ 和 MD_ActP₂ 之间存在一个类型为 RelType 的关系。

如果一个工作在域 Dom₁ 上的多域行为感知 MD_ActP₁ 是另外一个工作在域 Dom₂ 上的多域行为感知 MD_ActP₂ 的某个虚拟对象，则它们之间的关系称为虚拟关系感知（virtual relation perception），虚拟关系感知可以进一步地分成两种情况。

（1）MD_ActP₁ 和 MD_ActP₂ 具有不同的功能模式。多域对象工作在不同的功能模式下，即它在不止一个域上扮演不同的角色。以图 5.5 中的流程抽象模型为例，该实例是 5.1 节中来自文献[92]的"Write Travel Report"流程的模型。行为感知 provideDetails 表示如果有一些细节需要给出，Sectary 将会为报告的内容提供细节。图 5.5 中的 Write Travel Report 流程工作在 Employee 域，因此行为感知 provideDetails 的功能是接收相关细节，以便可以继续下一个行为 fillInDetails。行为 fillInDetails 的输入资源 ResIn 是否为空（NULL）是直接由行为感知 provideDetails 确定的。此外，行为感知 provideDetails 也同时工作在 Sectary 域，其功能是提供相关细节，这个工作在 Sectary 域上的角色称为主要角色（primary role）或控制角色（control role），而前面的工作在 Employee 域上的角色则称为次要角色（secondary role）或被控角色（controlled role）。行为感知 provideDetails 所工作的两个域分别定义为主要域（primary domain），即 Sectary 域，和次要域（secondary domain），即 Employee 域。两个角色之间的关系称为控制关系。这样的一个多域流程模型如图 5.11 所示。

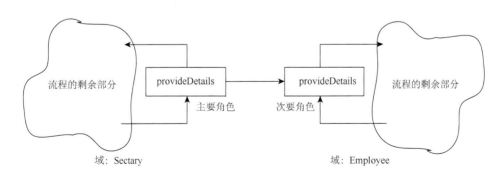

图 5.11　Write Travel Report 的部分多域抽象模型

（2）MD_ActP₁ 和 MD_ActP₂ 具有不同的操作模式。多域对象工作在不同的操作模式下，即该多域对象在一个或多个域内拥有多于一个操作模式。多操作模式之间可以互相转化，因此可以构造不同的多域模型之间的关系。例如，多域行为感知 writeReport 和 reviseReport 可以看成是工作在两个不同操作模式下的一个任务，即任务 WorkOnReport，模式分别为 Write 和 Revise。当条件"是否存在修改意见"为真时，操作模式为 Revise，否则操作模式为 Write。

定义 5.16（多域流程感知，multi-domain process perception）　一个多域流程感知是一个三元组，即 MDProP=(ProDomains, MultiDomActs, Rels)。其中：ProDomains 是被感知流程工作的域的集合；MultiDomActs 是构成流程的执行步骤的多域行为集合；Rels 是多域行为之间的关系感知集合，表示了行为的执行顺序。

以图 5.5 为例，Write Travel Report 流程描述如下：

MDProP=(ProDomains, MultiDomActs, Rels)

ProDomains=(Employee, Sectary, Manager)

MultiDomActs=(E(WorkOnReport(Write, Revise)), E(requestDetails), E(provide Details), E(fillInDetails), E(submitReport), E(receiveObjections), S(provideDetails), M(checkAndsubmitObjections), M(checkAndsign))

E(Acts)表示集合 Acts 中的行为工作在 Employee 域，S(Acts)表示集合 Acts 中的行为工作在 Sectary 域，M(Acts)表示集合 Acts 中的行为工作在 Manager 域。Act($mode_1$, $mode_2$)表示行为 Act 工作在两个不同的模式下，即 $mode_1$ 和 $mode_2$。

Rels=(ActualRels, VirtualRels);

行为之间的关系分为两种类型，其中 ActualRels 是工作在同一个域上的行为之间关系集合，详细内容参考文献[92]，而 VirtualRels 则表示工作在两个不同域上或者两个不同模式下的多域行为之间的关系。

定义 5.17（多域流程实例，multi-domain process instance）　一个多域流程实例是一个特定域中的具体流程，表示为 MDProIns=(MDProInsDom, MDActs, ARels)，其中 MDProInsDom∈ProDomains，MDActs 中的行为的所属域为 MDProInsDom，ARels⊂ActualRels。

图 5.5 所示的 Employee 域上的流程实例描述如下：

$MDProIns_1$=(MDProInsDom$_1$, MDActs$_1$, ARels$_1$)

MDProInsDom$_1$=Employee

MDActs$_1$=(WorkOnReport(Write, Revise), requestDetails, provideDetails, fillIn Details, submitReport, receiveObjections)

ARels$_1$=(ARel$_1$(WorkOnReport(Write), requestDetails), ARel$_2$(requestDetails, provideDetails), ARel$_3$(provideDetails, fillInDetails), ARel$_4$(fillInDetails, WorkOnReport(Revise)), ARel$_5$(fillInDetails, submitReport), ARel$_6$(submitReport, checkAndsubmitObjections), ARel$_7$(checkAndsubmitObjections, receiveObjections),

ARel$_8$(receiveObjections, reviseReport), ARel$_9$(submitReport, checkAndsign), ARel$_{10}$(checkAndsign, Adm.))

假设有另外一个 Sectary 域上的流程实例，如图 5.5 左部分所示，也可以得到下面的表示：

MDProIns$_2$=(MDProInsDom$_2$, MDActs$_2$, ARels$_2$)

MDProInsDom$_2$=Sectary

MDActs$_2$=(provideDetails, …)

ARels$_2$=(…)

由于 MDProIns$_1$.MDActs$_1$∩MDProIns$_2$.MDActs$_2$=(provideDetails)，所以可以通过多域行为感知 provideDetails 构造两个多域流程实例之间的虚拟关系。

下面引入多域流程建模过程。

5.4.2　多域流程建模过程

通过感知特定的多域流程实例，可以得到工作在不同域的行为集合。这一部分将给出一个过程来生成多域流程模型和多域行为感知，并且给出了到不同域上的其他多域流程模型的接口，如算法 GeneMDProM 所示。

```
算法 GeneMDProM
        //生成多域流程感知 MDProP=(ProDomains, MultiDomActs, Rels)
    输入：多域流程实例 MDProIns_k=(MDProInsDom, MDActs, ARels), 1≤k
    if MDProInsDom∈ProDomains{
    MultiDomActs=MultiDomActs∪MDActs
    Rels.ActualRels=Rels.ActualRels∪ARels
    }
    else{
    ProDomains+=MDProInsDom
    MultiDomActs=MultiDomActs∪MDActs
    Rels.ActualRels=Rels.ActualRels∪ARels
    if（MDActs∩MultiDomActs≠∅）{
            //存在工作在超过一个域上的行为
    Acts=MDActs∩MultiDomActs
            //找出工作在超过一个域上的行为集合
    对于每个行为 Act∈Acts，假设 D(Act)={D_1, …, D_n}
            //行为 Act 工作的域为{D_1, …, D_n}
    Rels.VirtualRels=Rels.VirtualRels∪{R(Act(D_i), Act(D_j))}, 1≤i≤n
            //构造 Act(D_i)和 Act(D_j)（1≤i, j≤n）之间的虚拟关系，其中 Act(D_m)（1≤m≤n）表示行为 Act
    工作在域 D_m
    }
            //这是一个输入不同的多域流程实例的迭代过程，输入的个数没有严格限制，但是一旦多域流程感知
    不再改变，流程则应该终止
```

流程多域抽象建模的过程如图 5.12 所示。

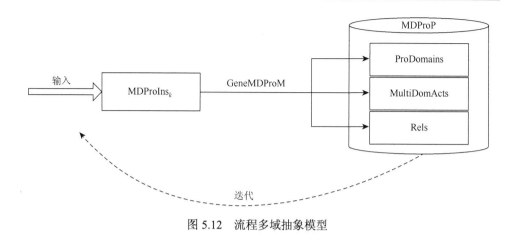

图 5.12　流程多域抽象模型

5.4.3　小结

本节在 5.3 节研究工作的基础上,进一步在扩展的 **G-KRA** 模型框架下形式化描述了多域流程建模过程,本节认为构成流程感知的多域任务至少工作在一个域。通过感知特定的多域流程实例,生成了工作在不同域上的任务集合。本节同时给出了一个过程来生成多域流程模型和多域任务感知,并且给出了到不同域上的其他多域流程模型的接口。建模过程的结果得到了一个丰富的流程模型,它可以通过多域任务与其他流程模型进行通信,多域流程感知比单一域流程模型表现出更多的推理角度,这一点可以从扩展的 **G-KRA** 模型的一般性中得出。沿着这一研究思路,作者或读者可以继续探索多域流程抽象模型之间的关系,并且进一步研究如何对两个多域流程模型之间的通信过程进行形式化定义。

5.5　引入目标的业务流程建模与抽象

前面几节中,将流程中的构成行为看成物理系统中的部件,利用物理世界的一般模型框架,即知识重构与抽象模型,对流程进行模型构建。构建过程中,充分考虑了行为的实体特征(如属性、输入输出等),同时考虑行为之间连接关系的流特征以及行为的多域特征,这些都属于流程的物理建模过程。本节从业务流程的概念模型构建入手,引入目标知识,提出一个基于目标的流程模型构建方法。

5.5.1　本节引言

在业务流程概念建模过程中,需要定义目标、行为和角色[93]。人类的行为主要是由目标驱动[94],目标是指那些必须实现的事物所期望达到的状态[95],业务目标表达了组织从业务角度想要实现的内容，为了追踪业务进程，目标必须能够用某种方法进行衡量[96]，同时，为了从战略角度研究一个组织，必须能够明确地获取业务目标[97]。在业务流程建模方面，关注明确目标的优势以及将目标概念集成到流程建模方法中的理论并不多[98]，相反，目标往往被看成流程模型的外部概念。文献[96]设计了一个本体形式表示业务目标，并在业务目标表示和业务模型设计之间提供了连接关系，同时，作者在文献[99]中，从语义业务流程建模的角度，基于 π-积分构建了一个业务流程本体，提出用该本体表示业务流程片段（手工定义），并将目标表示与流程片段相对应，为用户提供查询模板，使其进行基于目标的流程匹配，实现流程片段重用。流程片段定义为一个自包含的、一致的、有清晰业务意义的流程块[99]。

　　本节扩展业务流程片段的生成过程，提出了基于目标自动生成可重用流程片段的概念层框架，以及对生成的流程片段进行目标评估的方法分析。这里的目标既包含了与业务流程相关的功能目标[93]，也包含了部分非功能目标[100]，流程片段中的行为从"目标-行为"分层（goal-activities hierarchy）中获得，细化这些行为后，自动生成初始的流程片段，得到"目标-流程片段"映射关系，评估流程片段对目标的支持度，在用户提出的目标与业务流程片段自动匹配过程中，为用户提供决策指导。

5.5.2　目标-行为分层

　　目标是一种状态，表明业务流程应该完成哪些事情或是避免哪些事情发生[100]。文献[96]对目标给出了更形式化的描述，将目标定义为 G(description, measure, deadline, priority, achieved)，其中各部分的含义详见文献[96]。并将目标分为操作性目标和策略性目标，分别用定量和定性的方法衡量目标的实现程度。

　　正如文献[18]中提到的，业务流程应该只包含那些为用户创造价值的行为，而行为则应该为业务流程目标服务，因此在本书中提到的行为是指那些与目标相关的行为（goal-related activities），即由某个参与者（角色）A 完成，从而实现某个目标（集合）G 的过程描述。将可以直接通过某个行为实现的目标称为原目标，而值得注意的是，一个行为的发生往往不止实现了一个原目标。文献[100]指出这种含义下的行为可以通过目标/方法分层（goal/means-hierarchy）生成，并且这个分层中每个叶子节点必须能够转化成至少一个行为，否则，该分层关系需要细化。但是，文中没有给出具体的目标与流程之间的自动映射关系，更侧重于如何描述目标测量标准从而判断目标（主要讨论非功能目标）是否已由行为很好地实现。

　　本节定义的"目标-行为"分层以文献[100]为基础，增强目标的细化程度。在该分层关系中，将目标逐步细化，直到目标可以直接由某个行为完成，即细化到原目标为止，此时，叶子节点即行为节点。具体描述如下：

（1）一个目标行为分层有且只有一个根目标 RootGoal；

（2）叶子节点由行为构成，其父亲节点称为原目标，原目标与行为之间的关系是 $n:1$，即一个行为可以完成多个不同的原目标；

（3）中间节点称为子目标，目标与子目标之间是 $m:n$ 的关系。

目标-行为分层的结构如图 5.13 所示，图中由目标 G_1 和 G_2 共享子目标 G_4，所以在这个分层中出现了两个根目标，但是这并不与目标-行为分层关系的定义描述矛盾，可以将其拆分成两个分层关系，建立目标库，每个分层关系共享目标库中的子目标描述。

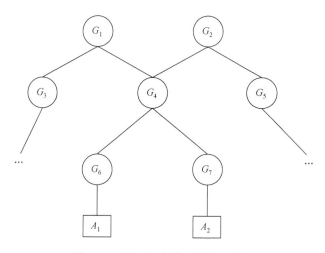

图 5.13　目标-行为分层关系示意图

本节讨论的是一种根据目标分解获取行为的通用方法，实际的业务流程可能包含其他必需的、有用的行为或事实，而未能出现在目标-行为分层定义中，在流程片段生成后可以通过制定相应的评估标准对流程片段进行评估，手工对流程片段进行修改。

在获取行为后，对行为的细化是生成流程片段的重要前提，包括对行为的输入/输出资源、行为的执行者（人或机器）、行为所完成的目标、执行行为所需要的限制条件等的细化描述。可以将这些内容统称为行为的属性，其取值分别来自于动态构造并扩展的几个集合，包括资源集合、角色集合、目标集合和条件集合。资源集合中存储了各种以类型为标识的资源，但是，为了自动生成行为之间的执行顺序，在定义行为的输入/输出资源时，除了明确资源类型，还需要同时指出资源的其他与该行为相关的属性，作为识别行为执行顺序的基础。

同时，为了避免在后面生成目标-业务流程片段映射关系时出现输入输出冲突，还可对生成的行为集合进行输入输出闭环冲突检测。这里将输入输出资源形成闭环的多个行为定义为冲突行为，如图 5.14 所示。

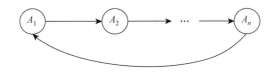

图 5.14　冲突行为示例图

对于检测出来的冲突行为，应与用户进行沟通，因为在实际的业务流程中，并不是所有具有这样特征的行为之间都是冲突的、不能共存的，如在图 5.14 所示的闭环中，只要存在任意行为 A_i 的启动输入资源不是来自于闭环中其他行为的输出资源，则 $A_1, \cdots, A_n$ 之间并不存在冲突。这一点的正确性是显然的，因为假设 A_i 的启动输入资源来自于闭环外的某个行为 B，则一旦 A_i 获取了 B 提供的输入资源，则该闭环流程即可以执行，执行的次数则与实际的业务流程有关，需要用户定义某些限制条件。

可以在细化行为时，定义每个行为的启动输入，在冲突行为检测时自动将其排除。当检测出的多个行为之间真正存在冲突，则需要进一步对目标-行为分层进行修改，重新定义行为或重新细化行为。

5.5.3　目标-子目标关系

文献[101]中在将业务流程模型的 BPMN 表示转化成目标模型时，定义了三种目标-子目标关系，并将 BPMN 中的流程关系与其一一对应。为了后面能够更清晰地描述目标与业务流程片段的映射关系以及业务流程片段对目标的评估，对文献[101]进行扩展，给出目标-子目标中的四种关系如下。

（1）与关系：$G \leftarrow G_1 \wedge G_2$，目标 G 的实现依赖于子目标 G_1 和 G_2 的共同实现，但是 G_1 和 G_2 的实现顺序没有明确的规定。

（2）有向与关系：$G \leftarrow G_1 \vec{\wedge} G_2$，目标 G 的实现依赖于子目标 G_1 和 G_2 的共同实现，并且 G_1 和 G_2 的实现顺序有明确的规定，即 G_1 先于 G_2 完成。

（3）或关系：$G \leftarrow G_1 \vee G_2$，目标 G 可以通过子目标 G_1 达成，也可以通过子目标 G_2 达成。

（4）条件或关系：$G \leftarrow G_1 \overset{C}{\vee} G_2$，表示目标 G 在条件 C 为真时，通过子目标 G_1 达成；否则，通过子目标 G_2 达成。

四种关系在目标-行为分层中形式化地用图 5.15 表示。

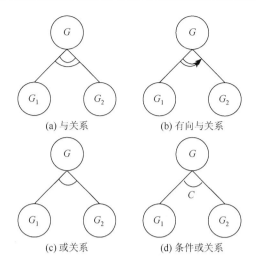

图 5.15　目标与子目标关系示意图

5.5.4　目标-业务流程片段映射

根据目标-行为分层关系，可以递推地定义目标与业务流程片段之间的推演映射关系；也可以根据细化后的行为的输入/输出关系，从逻辑上推演出多个带有不同限制条件的业务流程片段，由目标-行为分层关系自底向上地推演出目标与获得的业务流程片段之间的映射关系。两种情况获得的目标-业务流程片段映射关系是不同的，前者根据目标-行为分层关系递推出子目标对应的业务流程片段，使得获取的业务流程片段具有明确的业务意义；后者从行为之间的输入/输出关系自动组合流程片段，使得业务流程片段库包含了更多与事先定义目标不对应的新的流程片段，但是需要进行流程片段的业务意义检查，排除那些没有任何意义的流程片段。

目标与业务流程片段之间关系的递推定义如下。

（1）原目标 G 对应的业务流程由单个行为 A 构成，即 $G: A$。

（2）任意非原目标对应的业务流程片段由其子目标对应的业务流程片段构成，具体如下。

（a）若 $G \leftarrow G_1 \wedge G_2$，且子目标 G_1 和 G_2 对应的业务流程片段分别为 P_1 和 P_2，则：情况一，若 P_1 和 P_2 存在直接的输入/输出关系，则利用这种输入/输出关系将两个流程合并为一个流程 P，作为目标 G 对应的业务流程片段，即 $G: P$；情况二，若 P_1 和 P_2 不存在直接的输入/输出关系，则将 P_1 和 P_2 合并为一个流程白盒 $\mathrm{PBOX}_{P_1+P_2}$，作为目标 G 对应的业务流程片段，即 $G: P_1 \wedge P_2$。

（b）若 $G \leftarrow G_1 \overrightarrow{\wedge} G_2$，且子目标 G_1 和 G_2 对应的业务流程片段分别为 P_1 和 P_2，

则为了表示两个子目标之间的实现顺序,为流程添加一个特殊的逻辑值输入或输出:ACS(activity complete signal),表示流程执行完毕的信号。如 P_2 执行之前需要检查来自于 P_1 的输入信号 ACS_{P1},若为真值则表示 P_1 执行完毕。这样添加后,业务流程片段 P_1 和 P_2 之间必定存在输入/输出关系,因此,可以直接将 P_1 和 P_2 合并为一个流程 P,作为目标 G 对应的业务流程片段,$G: P_1 \overset{\frown}{\wedge} P_2$。值得注意的是,虽然映射流程定义相同,但是有向与关系不同于无向的与关系,其子目标的实现有顺序关系,单纯将两个子目标对应的流程片段合并成目标 G 对应的流程片段可能存在子目标执行顺序的冲突,因此需要对这种关系进行半自动检查。例如,P_2 结束行为的输出是 P_1 的启动输入,则 P_1 的执行直接依赖于 P_2 的执行;或者 P_2 结束行为的输出是 P_1 外的某个流程片段 P_3 的启动输入,而 P_1 的启动输入恰好来自于 P_3 的结束行为的输出,则 P_1 的执行间接依赖于 P_2 的执行。这两种情况都与目标 G_1 和 G_2 的实现顺序相矛盾,即目标 G_2 先于 G_1 完成,不符合用户预先的顺序要求,说明出现了冲突。由于子目标 G_1 和 G_2 的实现顺序不是根据对应的行为或者流程片段客观推理得到的,而是指组织或管理者人为添加的顺序限制条件,所以这种冲突很难自动消除,可以将流程片段的生成结果提供给用户,手工进行进一步的判断和修改。

(c) 若 $G \leftarrow G_1 \vee G_2$,且子目标 G_1 和 G_2 对应的业务流程片段分别为 P_1 和 P_2,则若 P_1 和 P_2 存在具有直接输入/输出关系的行为集合 A,则利用这种输入/输出关系将流程 P_1 和 P_2 分别与 A 合并为一个流程 P_1' 和 P_2',其中 $P_1' = P_1 \cup A$,$P_2' = P_2 \cup A$,作为目标 G 对应的业务流程片段,即 $G: P_1' \vee G: P_2'$;否则,将 P_1 和 P_2 作为目标 G 对应的业务流程片段,即 $G: P_1 \vee G: P_2$。

(d) 若 $G \leftarrow G_1 \overset{C}{\vee} G_2$,且子目标 G_1 和 G_2 对应的业务流程片段分别为 P_1 和 P_2,则类似于或关系,只是 G 增加了条件 C 的约束,因此可以根据 (c) 中的分析,将条件或中的目标-流程片段映射关系表示为 $(G: P_1' \wedge C_1) \vee (G: P_2' \wedge C_2)$ 或者 $(G: P_1 \wedge C_1) \vee (G: P_2 \wedge C_2)$,其中 P_1' 和 P_2' 含义如 (c) 中所示,C_1 和 C_2 分别表示条件 C 为真和假时对应的上下文谓词描述。由于资源集合是根据目标-行为分层中确定的行为的输入和输出属性确定的,所以不能保证所有行为的输入资源都可以由另一行为的输出资源获得;相反,也不能保证每个行为的输出资源都是为某一其他行为提供输入,为了保证每个子目标对应的业务流程片段的逻辑完整性,同时在递推生成子目标对应的业务流程片段过程中简化推理操作以及流程合并操作,可以对生成的业务流程片段中的每个构成行为进行以下操作:①若行为 A 的输入资源集 A_{IN} 不属于流程片段中任何一个其他行为的输出集,则为 A 构建一个新的临时行为黑盒 InputToA,其输出属性为 A_{IN};②若行为 B 的输出资源集 B_{OUT} 不是流程片段中任何一个其他行为的输入集,则为 B 构建一个新的临时行为黑盒

InputFromB，其输入属性为 B_{OUT}。

这样定义后，在检查两个不同的流程片段之间是否有输入/输出通信的行为时，只需要在流程片段的输入黑盒和输出黑盒之间进行比较即可。例如，通过比较表 5.2 中流程片段 P_1 的输出行为黑盒 InputFromA1 的输入属性和流程片段 P_2 的输入行为黑盒 InputToC 的输出属性（相等或相似度高于某个事先定义的阈值），可以自动构建 P_1 的行为 A_1 和 P_2 的条件节点 C 之间的顺序通信关系。

将文献[101]中给出的 Conference Management 实例中的一部分修改为如图 5.16 所示的目标-行为分层关系。

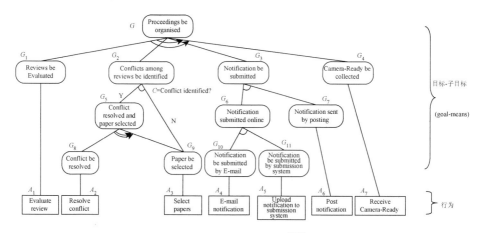

图 5.16　Conference Management 实例[101]中的部分示意图

由此获得的行为的细化描述（部分）可以用表 5.1 简要表示，其中原子目标列表示行为对应的原目标，也即原目标对应的业务流程片段由单个行为构成。

表 5.1　行为的部分细化描述

行为	输入	输出	执行者	原子目标
A_1：Evaluate review	Reviews	Evaluation Results	PC chair	Reviews be Evaluated
A_2：Resolve conflict	Conflicts		PC chair	Conflict be resolved
A_3：Select papers	Reviewed papers	Accepted papers	PC chair	Paper be selected
A_4：E-mail notification	Accepted papers		Secretary	Notification be submitted by E-mail
A_5：Upload notification to submission system	Accepted papers		Secretary	Notification be submitted by submission system
A_6：Post notification	Accepted papers		Secretary	Notification sent by posting
A_7：Receive Camera-Ready	Camera-Ready papers	Camera-Ready papers Confirm letters	Secretary	Camera-Ready be collected
C：Conflict indentified?	Evaluation Results	Y/Conflicts，N	PC chair	

　　根据前面给出的定义，可以自底向上生成目标-行为分层关系中所有子目标对应的业务流程片段，并将其存储在业务流程片段库中，与目标库之间建立映射关系。

　　目标与子目标之间的对应关系以及原目标与单个行为构成的流程片段之间的对应关系如下所示：$G_1: A_1$，$G_8: A_2$，$G_9: A_3$，$G_{10}: A_4$，$G_{11}: A_5$，$G_7: A_6$，$G_4: A_7$，$G_5 \leftarrow G_8 \overset{\rightarrow}{\wedge} G_9$，$G_2 \leftarrow G_5 \overset{C}{\vee} G_9$，$G_6 \leftarrow G_{10} \vee G_{11}$，$G_3 \leftarrow G_6 \vee G_7$，$G \leftarrow G_1 \overset{\rightarrow}{\wedge} G_2 \overset{\rightarrow}{\wedge} G_3 \overset{\rightarrow}{\wedge} G_4$。

　　根据目标与业务流程片段之间关系的递推定义，可以依次得到所有子目标对应的业务流程片段，结果如表 5.2 所示。

表 5.2　子目标对应的业务流程片段

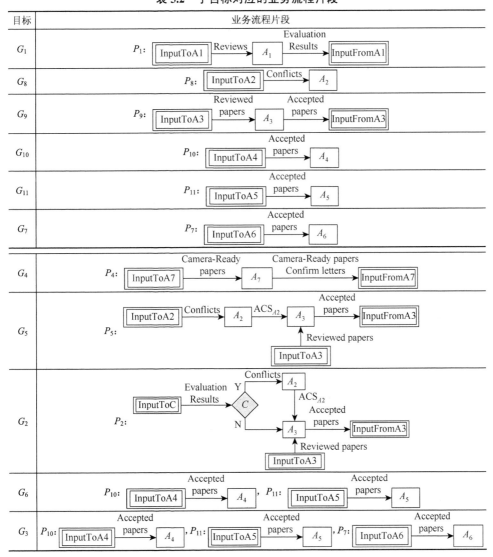

续表

目标	业务流程片段
G	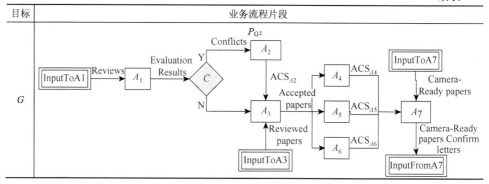

5.5.5　业务流程片段评估

有一些具有代表性的针对已经实现的业务流程进行好坏衡量的方法[94, 102]，由于试图在概念建模阶段获取业务流程片段，所以这些方法很难应用。但构成流程片段的行为是通过目标-行为分层关系自动生成的，从这个角度，可以根据行为对应的目标类型（操作性或策略性）给出该行为对目标的实现程度（定量或定性），从而推演出流程片段相对于对应目标的好坏评估。

显然地，目标相关的业务流程片段对目标产生了支持，但是支持的程度却未必相同，如目标 G 的描述是提高每年的流通量（increasing turnover），估算其对应的流程片段 P_1 可提高 10%，则可将 P_1 对 G 的支持度定义为 0.1；若估算 G 对应的流程片段 P_2 可提高 20%，则可将 P_2 对 G 的支持度定义为 0.2。

当然，这里构建的目标-行为分层关系中主要指功能性目标，即所设计的系统实现的目标，某个行为或某个业务流程（片段）能够达到的某种状态，在将来的工作中会继续探讨如何根据构成业务流程片段的各个行为的属性，定量或定性地表示行为对原目标的支持度，从而进一步推演估算出流程片段对映射的功能目标的支持度。

如前面案例中，将行为 A_4、A_5 和 A_6 对于其对应原目标 G_{10}、G_{11} 和 G_7 的支持度分别定义为 1、2 和 3（从可靠性角度），则可以得到目标 G_6 获得的支持度为 $1(P_{10})$ 和 $2(P_{11})$，进而得到 G_3 获得的支持度为 $1(P_{10})$、$2(P_{11})$ 和 $3(P_7)$，因此当用户需要匹配目标 G_3 对应的业务流程片段时，可以同时给出三个业务流程片段及其对应的可靠性支持度，作为决策支持。

根据功能目标而设计的流程（片段）有针对性，特别是由分解后的功能目标定义的行为往往是根据对具体的执行者（actor）进行访谈或观察得到[103]。可以是自顶向下的分解细化设计，也可以是自底向上的抽象设计，而如何消除构建目标-

行为分层过程中产生的功能目标冲突是另一个需求工程方面的问题，会在后续的研究中逐步深入探索，这里假设可以生成一致的目标分层。

与用户指定的功能目标匹配的业务流程片段对该目标的支持度可以为客户提供显性的决策指导，但是，用户在真正选择构成业务流程模型的子部分时，不会仅仅局限于对功能目标的实现程度，还会顾及到其他的非功能目标的衡量因素，这些衡量标准错综复杂，因人而异，因组织内部制度和外部环境而变化，所以很难找到一个通用的方法适用于所有的业务流程。文献[100]中从两个不同的角色角度——管理者（manager）和流程执行者（process performer）给出了衡量业务流程好坏的一般标准，同时探讨了怎样用业务流程模型来衡量这些标准。但是这些阐述侧重于方法的描述，并不能直接用于本书生成的业务流程片段对非功能目标支持度的自动推演。正像文中指出的，不是所有的业务流程都满足这些非功能标准，甚至在业务流程概念建模阶段，有些标准无法衡量。而且很多因素对实际业务流程的影响都是仅限于理论的分析，因此并不能为用户提供这些非功能目标完成情况的绝对化指导，而将可能的影响因素转化成业务流程片段的某些指标定量或定性地给出，在进行目标和流程片段匹配时显式地呈现给用户，则更加能够起到辅助决策的作用。为了简化，仅引用文献[100]中归纳的三个非功能目标，简单讨论其形式化方法，并用本书生成的业务流程片段定性地描述其对非功能目标的支持度，为客户构建流程模型提供一定的决策指导。这些非功能目标不是通过具体的行为实现的可测量目标，而是作为评估生成业务流程（片段）的标准出现在本书的方法中，同时，文献[100]中提出的更为暂时和主观的目标，则作为"宏条件"附加到行为和业务流程片段上，作为定性评估指标之一。

1. 业务流程的高自治性

根据文献[100]，对于自治性高的业务流程，流程执行者可以以一种独立的方式执行流程，同时，自治性高的流程对其他流程影响也很小。而要想获得自治性高的业务流程，就应该将那些需要跨流程通信的行为数量减至最小。为了试图表示本书生成的业务流程片段的自治性情况，首先给出业务流程片段的输入（输出）的定义。

设业务流程片段（business process fragment，BPF）及其输入（输出）InputsBPF（OutputsBPF），对构成 BPF 的任意行为 A，若 A 的某个输入 IN_A（输出 OUT_A）不是 BPF 中其他任何行为的输出（输入），则 $IN_A \in$ InputsBPF（$OUT_A \in$ OutputsBPF）。

业务流程片段的低自治度主要是由那些需要其他外部输入的行为导致的，这些行为对流程外部行为的依赖将导致本流程执行过程的推迟或失败，因此，可以根据业务流程片段的输入（输出）定义将流程片段的自治度定义为该流程片段输入集合中的输入资源数占流程片段中所有行为输入资源数的比例，该值越大，自治度越小。本书例子中的目标分解获得的根目标 G 所对应的业务流程片段只有一个 P_G，其对应的自治度为 3，即有三个行为需要来自于本业务流程片段外的行为的输入资源。

2. 低操作成本

正如文献[100]中指出的，估算一个还没有实现的业务流程的操作成本有一定难度，在这里并不侧重讨论。但是为了可以在为客户提供与其目标匹配的流程片段时，尽量为用户提供相应的流程评估结果作为决策指导，可以尽可能地利用本书提出的框架来形式化地表示更多的影响操作成本的因素，从而为客户罗列出不同业务流程片段对应的指标值，以供客户判断选择。例如，给出业务流程片段中包含的自动执行的行为比例、没有带来任何价值的行为的比例等。这些都可以根据定义的行为的属性来定量地计算出来，可以作为客户评价业务流程操作成本的依据。为此还需要继续细化行为的属性构成，本书中的例子定义的行为全部由人工执行完成，因此没有自动执行的行为。

3. 短执行周期

一个具体的业务流程中涉及的处理时间、排队时间或传输时间是不能够用来评估一个业务流程概念模型的执行周期的[100]，但是文献[100]中给出了一些有可能会缩短业务流程执行周期的条件，并且进行了概念上的讨论。这些条件有些是和其他非功能目标中的条件相重复的，如自动执行的行为比例；有些是很难通过给出的形式化框架进行定量或定性表示的，如行为的执行人员之间交换信息的次数。

但是有些是可以通过逻辑推理得到一个定量或定性的指标评价值的，如并行执行的行为数，由于并行执行的行为之间不应该有互相的输入（输出）关联关系，而根据定义，流程白盒中的流程之间是无序与关系，其中可能包含并行执行的行为。因此，生成目标匹配的业务流程片段后，可以对流程片段中流程白盒的各个流程包含的行为进行输入（输出）传递关系检查。若行为 A_1 在行为 A_2 的输入（输出）链上，则称 A_1 和 A_2 是间接依赖的。通过对行为进行两两间接依赖关系检查，可以得到之间不存在间接依赖关系的行为，也即可以并行执行的行为。

以上只以三种非功能目标为例，简单探讨了对生成的与客户目标匹配的业务流程片段评估的指标，关于更深入的评估过程的形式化描述将作为后续的研究内容。

5.5.6　小结

本节提出了一个基于目标的可重用的业务流程建模框架，根据目标-行为分层关系以及细化后的行为属性，自动构建分解后的所有目标对应的业务流程片段，实现业务流程片段的重用；并提出定性或定量地评估流程片段对功能目标的支持度，在为用户进行目标-流程片段匹配时提供决策指导；最后，本节也简要探讨了如何形式化地评估生成的业务流程片段对非功能目标的支持度，增加了用户对业务流程模型的评价维度。

基于本节的研究，也可以考虑一些在未来工作中可继续深入探讨的问题，例如，目标-行为分层关系中的功能目标一致性检查；根据细化行为自动生成流程片段集合后，如何去除其中没有任何业务意义的业务流程片段；如何根据行为对原目标的支持度自动推演出业务流程片段对相应目标的支持度等。在未来的研究工作中，作者会继续探索基于目标的业务流程建模与其他领域的理论及技术（如人工智能、流程挖掘等）相结合，以解决所提出的问题。

第6章 基于聚类技术的业务流程模型抽象

6.1 本 章 引 言

抽象作为人类感知和推理中的普遍行为,在人工智能领域,特别是物理系统模型的推理领域已经有广泛的应用,如问题求解[104, 105]、问题重构[106]、基于模型的诊断[4, 57, 107]、机器学习[3]等。近年来,作者及所在实验室团队成员在相关领域对模型抽象也进行了较深入的研究,如基于模型的诊断[6, 108]等。抽象的应用在纵向上大幅度地降低了模型构建和自动推理的计算代价。同时,在建模过程中引入多重知识[109],构建各种知识指导下的系统模型以及模型之间的映射关系,也在横向上加强了各个单一知识指导下的推理过程的合作性。业务流程模型抽象是对业务流程模型的运算,为了达到根据某个特定目标保留相关信息的目的,该运算保留必要的流程属性,忽略无关细节,关于业务流程模型抽象的概念与这些领域中的抽象理解是一致的。

在确定的抽象目标下,业务流程模型抽象主要包含两部分相互关联的内容[52]:①When,确定待抽象的流程元素集合,即根据抽象目标定义抽象条件,在模型构成元素中生成满足抽象条件的待抽象元素集合;②How,定义模型抽象方法,实现业务流程模型的抽象转换。目前,很多研究都是关于 How 部分,并且大多数存在的抽象方法都是由流程模型结构驱动的模型转换,如基于模式的抽象[110-118]和基于分解的抽象[77, 78, 119, 120],即仅考虑流程模型结构来隐藏无关的流程细节。例如,在文献[118]中,Liu 和 Shen 利用约简规则[121]实现抽象,其中,无关行为与其邻居行为聚合来提高模型的抽象层次。Polyvyanyy 等[119, 120]则给出了如何利用流程模型分解方法来隐藏无关的流程细节。

企业用户要求的流程模型抽象通常指流程中行为的抽象,要求从低层行为向高层任务转换[120]。在基于结构的业务流程模型抽象方法中,哪些行为适合作为抽象实体(When 部分),由行为所在的结构模式确定,忽略了模型元素的业务语义。这些抽象方法对于模型元素的业务语义是不可知的,它们既不考虑被抽象元素的语义,也不考虑抽象结果的语义。因此,是由用户来保证一个抽象提供了有业务意义的流程模型。针对这种局限,一些学者研究从行为语义角度挖掘业务流程片段作为子流程(抽象行为)的候选。Smirnov 等[84]研究描述行为及其之间关系的域本体对行为聚合的支持,这个方法是半自动的,而且要求事先确定域本体的"部分-整体"关系。文献[122]中则给出了确定与某一个行为功能相似的一组行为的方法，但是这个方法是在不同的模型之间进行匹配，无法直接应用于单个模型内部的行为抽象。由于业务流程通常要求具有单入口、单出口，如块结构语言 BPEL[123] 的结构本身就强制了这个要求，其他一些语言[32, 124]也将这个要求作为附加的需求，因此，子流程具备流程的块结构化性质。本书作者及团队成员基于细化的流程结构树（RPST）[78]和语义相似行为的标签特征[125]，提出了结构与语义结合的业务流程模型抽象方法[126]，大大减少了不相关候选子流程的数量，生成的待抽象流程片段更加接近人工设计的子流程。但是该方法是基于流程结构分解树的语义扩展，初始的子流程中心过于依赖流程的分解结构，因此实验结果表明生成的候选子流程的业务语义很大程度上仍然不能很好地满足用户的需求。

聚类分析是一种试图将数据集划分为同类子群的方法，已经有很广的应用范围，如模式识别、数据挖掘、图像处理、信息论、生物信息学等[127-132]，常用的聚类算法有层次聚类[133]、k-means 算法[134]、自组织映射网络[135]、吸引子传播算法[136]等。在业务流程模型抽象中，同一子流程中的行为比不同子流程的行为具有较高的语义相似性，适合应用聚类分析方法确定可以作为候选子流程的行为集合。基于聚类分析技术的业务流程模型抽象研究比较初步，目前，仅有零散的基于 k-means 聚类算法的相关论文。例如，Smirnov 等[75, 137]利用 k-means 聚类算法将行为进行簇划分，每个簇作为一个候选子流程。其中，行为用固定的属性描述，并且聚类过程仅考虑行为的业务语义，忽略了流程的控制流信息，使得抽象结果与人工标准相比，构成子流程的行为在结构上比较分散，并且文章也没有探讨抽象模型的控制流生成以及抽象结果的模型有效性问题。Reijers 等[138]讨论了子流程发现的标准，其中，块结构化标准将 RPST 中分解得到的标准部件作为候选子流程，连接化标准利用图聚类分析[139]建立流程中相互强连接的节点集合，标签相似性将具有相似标签的行为集合作为候选子流程。块结构化标准采用结构化抽象方法发现候选子流程，与人工设计的子流程相比得到的候选子流程数量过多，而且生成了很多规模过大或过小的无意义流程片段。连接化标准本质上也是一种基于结构的方法，而标签相似性标准认为具有相似标签的节点比那些具有不同标签的节点更可能属于同一个子流程，因此根据行为标签描述计算行为的相似性，并利用 k-means 聚类算法对行为进行分类。但是，由于仅从行为的语义角度考虑而未考虑行为之间的结构连接性，所以生成的行为集合中行为之间的连接关系也非常松散。另外，仅利用行为标签描述计算行为的语义相似性，信息量过少，导致结果模型中的错误分类行为过多。

在本书的业务流程模型抽象应用目标下，作者从待抽象行为的约束条件角度，将业务流程模型抽象的相关技术分为基于流程结构的方法和基于行为语义的方法，并对部分特征进行了总结，具体如表 6.1 所示。

表 6.1　业务流程模型抽象技术小结

	结构驱动的模型转换		基于行为语义的模型抽象	
	基于模式的方法	基于分解的方法	基于行为域本体	基于语义的行为聚类
行为表示	图节点	图节点	行为标签描述词	固定属性的向量空间、行为标签描述
待抽象行为集合的确定	结构模式（基本抽象）	流程分解树中的部件	行为及其之间"整体-部分"关系的域本体	基于语义的行为相似性度量
待聚合行为的语义相关性	弱	弱	强	较强
待聚合行为的控制流一致性	强	强	较弱	较弱
行为的域依赖性	弱	弱	强	强
抽象行为个数	预定义或与流程包含的模式相关	预定义或与流程分解树结构相关	预定义	预定义
主要参考文献	[81]、[110]~[118]、[121]、[140]~[143]	[84]、[119]、[120]、[126]、[138]、[143]~[147]	[84]、[148]、[149]	[75]、[126]、[137]、[138]

可以看出，目前的研究侧重于单一的基于结构或基于行为语义的业务流程模型抽象方法。其中，基于结构的业务流程模型抽象方法更适合用户控制的应用情境，即用户可以确定哪些抽象对象是重要相关的，哪些是无关的，然后抽象过程将无关对象隐藏到流程模型的某些结构模式或分解部件中。而在本书的应用目标下，抽象过程完全脱离用户控制，最终为用户提供满足业务逻辑标准的子流程候选集。在这样的抽象目标下，仅仅基于流程结构而不考虑行为业务语义的结构抽象方法无法回答诸如"如何发现业务语义相关的行为集合"或者"候选子流程是否满足用户要求的业务逻辑标准"等问题。因此，行为的业务语义在业务流程模型抽象的 When 部分是必须考虑的要素。另外，在与基于结构的业务流程模型抽象相关的技术研究中，大多数文献侧重于模型的转换和抽象算法的研究，对诸如抽象行为控制流有效性识别、抽象模型的控制流生成、抽象行为的标签描述生成等问题还存在很大的研究空间。而基于语义的业务流程模型抽象方法则针对结构抽象方法的局限，提出从聚合行为的语义信息角度生成具有独立业务语义的行为集合。

但是，业务流程模型中的行为集合是一类特殊的数据集，行为之间除了具有业务语义的相关性外，还具有流程控制流的顺序约束，这部分约束条件在模型抽象运算之前是已知的，文献[75]和文献[138]使用的 k-means 聚类是一种无监督的学习方法，均没有考虑该约束条件。目前该方面的研究还处于比较初始的阶段，有很多问题值得进一步的探索，具体分析如下。

（1）对于行为的表示仅限于固定属性的向量空间或行为的标签描述，域依赖性强，信息量不足。

（2）k-means 聚类的硬划分性使得每个行为都必须聚合到某个子流程中，无法处理实际应用中不属于任何子流程或属于非最相似子流程的特殊行为。

（3）行为的相似性度量只根据行为的业务语义，没有考虑模型的控制流约束条件，使得生成的待抽象行为集合结构松散，聚合后导致流程控制流的不一致，结果模型与人工设计标准相差较大。

（4）随机选择细节模型的行为作为初始聚类中心，忽略了流程结构对聚类过程的先验指导。

（5）根据用户经验指定抽象行为（子流程）个数（实际应用中往往比较困难），缺少对自动生成最佳子流程数的研究。

（6）虽然文献[150]和[151]探讨了通过计算抽象行为之间的控制流依赖关系生成流程抽象模型的方法，但是缺少对抽象行为控制流的有效性识别及抽象行为非良构控制流的校正研究。

传统的机器学习方法大多只考虑有标记数据或者只考虑未标记数据，但是在很多真实问题中往往是二者并存，如何更有效地利用这些数据成为一个备受关注的问题。作为解决这一问题的关键技术，半监督学习受到了国际机器学习和数据挖掘界的高度重视[152]。半监督聚类是在无监督聚类的基础上，通过标记数据（或约束关系）指导聚类过程，以提高聚类质量[153]的方法。目前，半监督聚类算法在很多实际领域中已获得广泛应用，如图像处理、文本挖掘、生物信息等[154-161]。根据使用先验信息方法的不同，可以将半监督聚类算法分成三类：基于限制的方法[162]、基于相似性度量的方法[163]及已知信息和未标记样本潜藏信息共同指导的方法[164]。本书作者及团队成员也从理论上将模糊聚类技术、半监督学习、集成学习方法与支持向量机技术的分类方法相融合，并将其应用在遥感和土地覆盖等领域[165]。

本章基于半监督聚类方法同时融合模糊聚类技术，对如上所述的业务流程模型抽象领域中存在的若干问题进行深入的探索，这也是本章的研究动机和目标。

6.2　基于半监督聚类技术的业务流程模型抽象

本节将业务流程模型抽象中的行为聚合解释为一个半监督聚类过程，利用基于试探的启发式方法选择合适的行为集合作为初始簇，进而提高抽象的质量。另外，为了同时满足模型转换的保序性需求和子流程的业务语义完整性，在将行为归类到某个簇（候选子流程）时，进一步考虑了流程控制流的影响，设计了由两部分构成的约束函数，即语义距离和控制流顺序冲突。其中，第一部分引入了虚拟文档表示行为和子流程，计算之间的语义距离；第二部分利用行为文档中的四种行为顺序关系，设计函数表示行为归类带来的控制流冲突。将该方法应用于真实的流程模型库，与传统的 k-means 行为聚类对比，如随机生成初始簇集和基于语义的距离测量方法，结果表明提出的方法生成了更接近于人工设计的流程抽象结果。

6.2.1　本节引言

业务流程模型抽象（BPMA）最重要的用例是构建流程的概要视图以便快速理解复杂的流程模型[52, 84]。为了解决该问题，可以将流程模型作为粗粒度行为的部分有序集合，其中每个粗粒度行为与一组较低层的细节行为相对应。聚合行为的方法有很多，从用户的角度来看，将语义上相似的一组行为进行聚合则更具有实际意义[48]。目前行为抽象方法大多是由流程结构驱动的模型转换[111, 120]，虽然结构聚合可以实现大型流程模型的相当大范围的化简，但是得出的结果模型并不能显示出所有需要的元素，或者将不应该聚合的元素进行了聚合，即这些方法没有考虑用户的抽象目标和抽象结果的业务意义。基于语义的业务流程模型抽象方法[84, 109, 166]则针对结构抽象方法的局限，提出从聚合行为的语义信息角度生成具有独立业务语义的行为集合。但是，业务流程模型中的行为集合是一类特殊的数据集，行为之间除了具有业务语义的相关性外，还具有流程控制流的顺序约束[48, 83, 110, 120]，这部分约束条件在模型抽象运算之前是已知的。目前基于语义的业务流程模型抽象采用的 k-means 聚类[109, 138]是一种无监督的学习方法，均没有考虑该约束条件。

本节将行为语义和控制流一致性需求结合，设计相应的约束函数指导行为聚类，并将该方法应用于真实的流程模型库，与现有的基于 k-means 方法的行为聚类对比（如文献[109]中，随机生成初始簇集和仅基于语义的距离测量方法），结果表明提出的方法生成了更接近于人工设计的子流程划分结果。

本节的内容安排如下：首先，解释了提出的行为聚类方法，同时给出了基于约束的行为聚类算法；其次，利用真实的业务流程模型库进行实验验证，并进行了对比分析；最后，对本节内容进行总结，并提出存在问题和解决方法。

6.2.2　基于约束的半监督行为聚类

BPMA 的行为聚合过程可以依据流程结构标准，如基于模式的方法[111, 115-117]和基于分解的方法[119, 120, 167]。根据结构方法发现的流程片段不能保证语义上的完整性，其中包含的行为在业务语义上有可能并不应该属于同一子流程。行为聚类也可以解释为行为业务语义的聚类分析问题[109]，待聚类的对象集合即行为集合。对象根据某个聚类测量标准实现聚类：相互距离较"近"的对象被归类到一个集合。距离测量标准的语义部分可以根据行为业务语义的各种表示方法进行计算，向量空间方法[109]对行为属性值有较强的假设，只根据行为标签描述的测量方法[138]由于提供太少的信息而发生过多的错误聚类结果。因此考虑利用与行为相关联的尽可能多的信息表示行为，即引入虚拟文档[168]。另外，将行为聚合解释为一个半监督聚类分析[160]问题，并且在考虑行为的业务语义相似性的同时，考虑模型转换的保序性要求。

本节对文献[109]中的传统 k-means 聚类方法进行扩展。首先，根据业务流程模型的连接性结构特征，利用启发式方法选择初始聚类。然后，将流程的控制流一致性与同组行为语义相似性相结合，构造指导聚类过程的实例层约束条件。最后，给出 BPMA 的基于约束的 k-means 聚类算法，并用真实的流程进行实验验证。

1. 初始簇中心确定

构成业务流程模型子流程的行为除了在语义上具有较大的相似性，在结构上通常也连接紧密，即空间上距离较近的行为比距离较远的行为更容易聚合成同一个子流程（不考虑流程的方向）。为了利用子流程的结构紧密特征，首先，将流程模型 PM 表示成一个无向图 $G(V, E)$，其中 V 表示流程中的节点（即定义 3.1 中的 N 集合），E 表示节点之间的边，设 $P(|V| \times |V|)$ 为图 G 对应的二维矩阵表示，若 $P(V_1, V_2) = 1$，则表示节点 V_1 和 V_2 之间有边；若 $P(V_1, V_2) = 0$，则表示节点 V_1 和 V_2 之间无边。然后，构建行为距离矩阵 $\boldsymbol{D}(|A| \times |A|)$（$A$ 表示 PM 中的行为，$A \subseteq V$），并对其进行值的初始化，其中 $D(a_1, a_2)$（$a_1, a_2 \in A$）的值表示行为 a_1 与 a_2 之间的最短路径，采用 Dijistra 算法（复杂度为 $O(|V|^4)$），利用矩阵 $\boldsymbol{P}$ 计算得到。

接下来，采用文献[169]、[170]中的算法选取初始聚类中心在业务流程模型中的位置，该方法是模式识别领域中一种基于试探的启发式方法，其基本思想是取尽可能离得远的对象作为聚类中心，避免了初始选取时可能出现的初始聚类中心过于临近的情况。与之不同的是，根据矩阵 $\boldsymbol{D}$，优先选择两个距离最远的行为作为初始聚类中心，而不是随机选择一个行为。具体算法描述如下。

---

1. 初始化 k//聚类（子流程）个数
2. 选择 $\boldsymbol{D}$ 矩阵中最大值对应的两个行为 a^1，a^2，并且令 $S \leftarrow \{a^1, a^2\}$，$j \leftarrow 2$
3. $j < k$ 时，反复执行：
　3.1　$j \leftarrow j+1$
　3.2　选择与 S 距离最远的行为 a^j，$S \leftarrow S + a^j$

其中，3.2 步中，通过求解如下最优化问题来确定与行为集合 S 距离最远的行为 a^j，即最优函数：$\max_{a^j \in A-S} \min_{a^i \in S} D(a^j, a^i)$。

该最优函数表示：对集合 $A-S$ 中的每一个行为 a^t（$1 \leq t \leq |A-S|$，$|A-S|$ 表示集合 $A-S$ 中的行为个数），求出 a^t 到 S 中所有行为的最近距离 d_t，则 a^j 是与集合 S 距离最远的行为，当 $d_j = \max_{1 \leq t \leq |A-S|} \{d_t\}$。

假设流程模型 PM 中共有 n 个行为，则求解该最优函数所需要的渐进时间表达式为 $T = |A-S| \cdot |S| \cdot a + |A-S| \cdot b$，其中 a 和 b 为正常数。由于在算法第 3 步执行过程中 $|S| \leq k < n$，且 $|A-S| \leq n$，则得到 $T \leq an \cdot k + nb < an^2 + nb \in O(n^2)$。但是在真实的流程模型中，子流程个数往往远远小于流程总的行为个数，即 $k \ll n$，因此实际应用中，求解最优函数的时间 $T \in O(n)$，即可以在线性时间内选出 k 个初始簇中心。

2. 约束函数设计

为了同时满足模型转换的保序性需求和业务语义完整性，在将行为归类到某个簇（候选子流程）时进一步考虑了流程控制流的影响，设计了由两部分构成的约束函数，即语义距离和控制流顺序冲突。

令 $A = \{a_1, \cdots, a_n\}$ 是业务流程模型 PM 的行为集合，$D = \{d_1, \cdots, d_n\}$ 是行为对应的虚拟文档集合。$\{\mu_1, \cdots, \mu_k\}$ 表示 3.1 节中初始化的簇集合 $\{S_1, \cdots, S_k\}$ 对应的 k 个划分中心。对于每个 $a \in A$，当将其分配到簇 S_i 时，不仅考虑 a 和 μ_i 之间的语义相似性（距离），而且考虑 a 加入到 S_i 产生的可能的控制流冲突（约束函数的第二部分）。因此，将语义相似性和控制流顺序相结合设计约束函数限制簇的选择，即当将行为 a 分配到某一个簇时，选择使得以下目标函数最小化的簇 S_i：

$$\text{objective}(S_i, a) = \text{dist}(d, \mu_i) + \text{conflicts}^*(S_i \bigcup \{a\}) \tag{6.1}$$

对于约束函数的第一部分，引入虚拟文档[168]表示行为。

一个行为的虚拟文档由一些词构成，这些词来自于与该节点相关联的所有文本信息。在业务流程模型上下文中，一个行为的虚拟文档由一些术语的集合构成，这些术语由行为标签、执行角色标签（如果该信息可用）、输入/输出数据以及行为的文本描述生成[122]。一组行为的虚拟文档则通过合并所有行为的文档生成。虚拟文档的生成包含了术语的标准化、连接词过滤以及词干提取等[170]。给定两个虚拟文档，可以基于它们向量空间的距离计算其相似性，其中，维度就是出现在文档中的术语，各个维度的值使用术语出现的频率计算得到[171]。

例如，两个虚拟文档 d_1 和 d_2 分别用向量 $\boldsymbol{v}_{d_1}$ 和 $\boldsymbol{v}_{d_2}$ 表示，则它们的相似度用这两个向量夹角的余弦值计算，即

$$\text{sim}(d_1, d_2) = \cos(\boldsymbol{v}_{d_1}, \boldsymbol{v}_{d_2}) = \boldsymbol{v}_{d_1} \cdot \boldsymbol{v}_{d_2} / |\boldsymbol{v}_{d_1}| |\boldsymbol{v}_{d_2}|$$

两个虚拟文档 d_1 和 d_2 之间的距离为

$$\text{dist}(d_1, d_2) = 1 - \text{sim}(d_1, d_2)$$

在式（6.1）中，d 是 a 的虚拟文档表示，$\text{dist}(d, \mu_i)$ 表示根据以上距离测量方法计算的行为 a 与簇 S_i 中心的距离。

抽象模型中的每个行为映射为原始模型中的一组细节行为，两个抽象行为之间的最终控制流关系可能导致原始模型中对应的细节行为之间的控制流顺序不一致。设原始模型 PM 中的行为为 a, b, c，其中 a 和 c 之间的关系为 r_1，b 和 c 之间的关系为 r_2。PM_a 为 PM 对应的抽象模型，PM_a 中的抽象行为为 x, y，且 x 和 y 之间的关系为 r，其中行为 a 和 b 分别映射到抽象行为 x，c 映射到抽象行为 y。观察到，抽象行为 x 和 y 在抽象模型 PM_a 中的关系 r 导致与其各自对应的 PM 中的行为关系也变更为 r，即 a 与 c、b 与 c 之间的关系变为 r，因此，若原始模型 PM 中 $r_1 \neq r_2$，则 a、b、c 的归类产生了控制流冲突。

显然地，可以通过生成抽象模型中各个抽象行为之间的控制流关系，推导出该抽象模型引起的原始模型中细节行为的控制流冲突情况，并以此判断抽象结果与原始模型的一致性程度。但是，一方面，如何生成抽象行为之间的控制流关系并非本书研究的范围（详见文献[150]），另一方面，对最终结果模型的评估需要对所有行为完成聚类，无法在抽象过程中对某一行为的归类进行指导。

因此，设计式（6.1）中的第二部分 $\text{conflicts}^*(S_i \bigcup \{a\})$，用来表示将行为 a 归类到 S_i 引起的可能的控制流顺序冲突，冲突的计算利用了行为文档。

行为文档定义了行为之间的四种顺序关系：$R = \{ \rightsquigarrow_{\text{PM}}, \rightsquigarrow_{\text{PM}}^{-1}, +_{\text{PM}}, \|_{\text{PM}} \}$，设 $\text{PM} = (A, G, F, t, s, e)$ 是一个流程模型，$\text{PM}_a = (A_a, G_a, F_a, t_a, s_a, e_a)$ 是其对应的抽象模型，BP 是 PM 的行为文档。对于行为 $a, b, c \in A$，设 $\exists z \in A_a$，使得 $a, b \in \text{aggregate}(z)$，$c \notin \text{aggregate}(z)$，$\text{BP}(a, c) = r_i$ 并且 $\text{BP}(b, c) = r_j$（$r_i, r_j \in R$），则 w_{r_i, r_j} 表示将 a 和 b 聚合到 z 导致的冲突权值，定义如下：

$$w_{r_i, r_j} = \begin{cases} 1, r_i \neq r_j & \text{//控制流发生冲突而不聚合} \\ 0, r_i = r_j & \text{//控制流不冲突而可以聚合} \end{cases}$$

令 $S \subset A$ 是 A 的子集，对于每个行为 $a_k \in A \setminus S$，S 与 a_k（将 a_k 归类至 S）的冲突值可以通过式（6.2）进行计算：

$$\text{conflicts}(S, a_k) = \frac{1}{|S|(|S|-1)} \sum_{\substack{a_i, a_j \in S \\ 1 \leqslant i < j \leqslant |S|}} w_{\text{BP}(a_i, a_k), \text{BP}(a_j, a_k)} \tag{6.2}$$

式中，$|S|$ 表示集合 S 中行为的个数。

进一步地，集合 S 的控制流冲突值用式（6.3）计算如下：

$$\text{conflicts}^*(S) = \frac{1}{|A \setminus S|} \sum_{a_k \in A \setminus S} \text{conflicts}(S, a_k) \tag{6.3}$$

3. 算法描述

基于 seeded-KMeans 算法[162]，利用前面生成的初始簇集合和式（6.1）所示的目标函数 objective 作为输入参数，给出 BPMA 基于约束的聚类算法描述，如算法 Constrained-clustering-for-BPMA 所示。

算法 Constrained-clustering-for-BPMA

输入：待处理业务流程模型的行为集合 $A = \{a_1,\cdots,a_n\}$ 对应的虚拟文档集合 $D = \{d_1,\cdots,d_n\}$；子流程（簇）

数 k；初始簇（种子）集合 $S = \bigcup_{l=1}^{k} S_l$；行为文档 $\text{BP}(n \times n)$

输出：使得目标函数最小化的 A 的 k 个不相交划分 $\{C_i\}_{i=1}^{k}$

1. 初始化：初始簇中心 $\mu_i^{(0)} \leftarrow \frac{1}{|S_i|}\sum_{d \in S_i} d$，初始划分 $C_i^{(0)} \leftarrow S_i$，$i = 1,\cdots,k$；$t \leftarrow 0$

2. 重复执行以下步骤，直到所有行为不能再分配

  2.1 行为再分配：将每个行为 a 归类到簇 h^*（即集合 $C_{h^*}^{(t+1)}$），使得 $h^* = h \,|\, \min(\text{objective}(C_h, a))$

  2.2 估算新的簇中心：$\mu_h^{(t+1)} \leftarrow \frac{1}{|C_h^{(t+1)}|}\sum_{d \in C_h^{(t+1)}} d$

  2.3 $t \leftarrow t+1$

3. 输出所有 k 个划分 $\{C_i\}_{l=1}^{k}$

算法 Constrained-clustering-for-BPMA 的时间复杂性主要集中在对行为的再分配，需要对每个行为求解其与 k 个簇的目标函数值（步骤 2.1），如式（6.1）所示。设模型中行为个数为 n，根据式（6.2）和式（6.3）可以估算该步的时间渐进表示为 $T \approx \sum_{i=1}^{k} |A - C_i| \cdot |C_i|^2 \cdot a + b$，其中 a 和 b 为常数，b 表示求解语义距离 dist 所用的时间。进一步地，$T < a \cdot k \cdot n^3 + b \in O(n^3)$，由此得到整个算法的时间复杂性属于 $O(n^4)$。

6.2.3　实验验证

为了验证提出的行为聚类方法对业务流程模型的抽象结果与人工抽象结果的相似程度，本节对真实的业务流程模型集合进行了实验验证，并对验证结果进行了解释。

1. 实验构架

1）选择业务流程模型集合

本书的研究工作基于作者所在的省重点实验室开放项目，因此，在实验验证阶段，从项目的合作单位——某大型合资汽车生产商及其伙伴物流公司，获取了

流程模型集合作为研究对象。这里选取了 40 个行为标签描述规范、行为属性描述完整的流程模型集合，其中均包含人工设计子流程层次结构。为了利用出现在行为及其属性标签中的词，将其以向量空间的形式表示为虚拟文档，与相关工作人员共同对术语进行了重新规范，并达成共识。另外，为了获取尽量多的信息，进一步考虑了流程中的控制流信息，并将提取的词加入到相邻行为的虚拟文档中，单数字信息根据含义转化为变量名。由此，流程模型转化为了虚拟文档集合，其中保留子流程的层次关系。

需要指出的是，由于该公司的全局生产线的生产流程很复杂，流程模型涉及的域也比较广，包括业务流程、生产流程、物流流程，并且生产流程中经常包含各种零部件的物流子流程。因此，为了验证提出的方法不依赖于行为的具体域，保证实验结果的有效性，对于具有子流程层次的模型，按照以下原则对模型进行选取：①展开后规模适中；②包含尽量多的其他域子流程；③尽量不选取包含多于两层子流程的流程模型。表 6.2 给出了所选流程模型的相关属性。

表 6.2　实验流程模型 $M_1 \sim M_{40}$ 的相关属性

	行为	子流程	子流程中的行为
平均值	94.10	7.97	7.52
最大值	127.00	20.00	10.50
最小值	59.00	3.00	4.20

2）评估 BPMA 的基于约束的聚类算法

对 BPMA 同时应用本节提出的基于约束的聚类算法（Constrained-clustering-for-BPMA）和传统的无监督 k-means 聚类过程（这里简称为 k-means-for-BPMA）。第二个算法与文献[75]类似，通过计算行为和簇之间的距离自动获取细节展开流程模型的子流程分解，其中距离的计算只根据行为的业务语义（如本书的"dist"），并采用随机选择行为的方法进行簇中心的初始化。对这两种方法生成的抽象结果进行比较，将包含人工设计子流程的流程模型 $M_1 \sim M_{40}$ 转换成对应的展开模型，分别应用算法 Constrained-clustering-for-BPMA 和算法 k-means-for-BPMA 生成簇（子流程），比较它们与初始人工设计子流程的相似度。

这里引用文献[167]中定义的部分相关指标来比较人工设计的子流程分解与自动生成行为簇之间的各种特征，具体说明如下。

（1）subprocesses：模型中子流程的数目。

（2）avg activities per subprocess：每个子流程中行为的平均数目。

（3）max activities each subprocess：子流程中行为的最大数。

（4）min activities per subprocess：子流程中行为的最小数。

（5）Precision：自动生成的并且同时也是人工定义的子流程数除以自动生成的子流程数。

（6）Recall：自动生成的并且同时也是人工定义的子流程数除以人工定义的子流程数。

（7）Overshoot：自动生成的候选子流程的节点中，不属于与该子流程匹配的人工定义的子流程的节点比例。

（8）Undershoot：应该属于某个人工定义的子流程但是在自动生成的候选子流程中没有生成的节点比例。

Precision 和 Recall 采用节点匹配法,而不是流程的整体匹配法。根据文献[167]，各个测量指标的计算定义如下。

令 N 是一个流程中的所有节点集合（包括其子流程），$\mathcal{P}_M \subseteq PN$ 是人工确定的子流程集合，$\mathcal{P}_A \subseteq PN$ 是自动确定的候选子流程集合。$P_M \in \mathcal{P}_M$ 是一个人工确定的子流程，$P_A \in \mathcal{P}_A$ 是一个自动确定的候选子流程。P_A 与 P_M 之间的覆盖 Overlap 定义为

$$\text{Overlap} = \frac{|P_A \bigcap P_M|}{\max(|P_A|, |P_M|)}$$

如果 P_A 与 P_M 之间的覆盖 Overlap >0，并且不存在其他自动生成的子流程 $P_A' \in \mathcal{P}_A$ 与 P_M 之间的覆盖 Overlap$'>$Overlap，则称 P_A 是 P_M 的一个最相关匹配。令函数 match：$\mathcal{P}_M \rightarrow PN$ 返回每个人工定义的子流程的最相关匹配，如果不存在，则返回空集。

Precision 和 Recall 定义如下：

$$\text{Precision} = \frac{\sum_{P_M \in \mathcal{P}_M} |P_M \bigcap \text{match}(P_M)|}{\sum_{P_A \in \mathcal{P}_A} |P_A|}$$

$$\text{Recall} = \frac{\sum_{P_M \in \mathcal{P}_M} |P_M \bigcap \text{match}(P_M)|}{\sum_{P_M \in \mathcal{P}_M} |P_M|}$$

F 值定义为 Precision 和 Recall 两个值的调和平均数：$F = \dfrac{2 \cdot \text{Precision} \cdot \text{Recall}}{\text{Precision} + \text{Recall}}$。

Overshoot 和 Undershoot 分别定义如下：

$$\text{Overshoot} = \frac{\sum_{P_M \in \mathcal{P}_M} |\text{match}(P_M) - P_M|}{\sum_{P_A \in \mathcal{P}_A} |P_A|}$$

$$\text{Undershoot} = \frac{\sum_{P_{\text{M}} \in \mathcal{R}_{\text{M}}} | P_{\text{M}} - \text{match}(P_{\text{M}}) |}{\sum_{P_{\text{M}} \in \mathcal{R}_{\text{M}}} | P_{\text{M}} |}$$

2. 结果与分析

表 6.3 给出了对流程模型 $M_1 \sim M_{40}$ 运行两种算法后的验证结果，为了简化，这里只给出 40 个模型对于前面各个指标值的平均值。

表 6.3　模型 $M_1 \sim M_{40}$ 中各种指标的平均值

指标	Constrained-clustering-for-BPMA	k-means-for-BPMA	原始模型
subprocesses	8.4	8.4	8.4
avg activities per subprocess	12.3	13.59	8.31
max activities each subprocess	23.5	33.8	15.8
min activities per subprocess	4.8	2.1	4.1
Precision	0.54	0.3	—
Recall	0.6	0.35	—
F	0.58	0.34	—
Overshoot	0.35	0.57	—
Undershoot	0.4	0.65	—

F 值是一个很重要的指标，它给出了自动子流程分解与人工设计的子流程分解之间的接近程度[167]。根据表 6.3 的结果可以看出，算法 Constrained-clustering- for-BPMA 的抽象过程比 k-means-for-BPMA 算法的划分方法要更加接近于人工划分结果。

由于这里使用行为语义和流程结构相结合的约束函数指导聚类过程，每个自动生成的子流程中行为的最大数大大减少，更接近于人工设计的子流程，这表明对归类行为的一个相对有效的控制。

当然，可以发现 Overshoot 和 Undershoot 的值仍然偏高。两种行为聚类算法都是一种"硬聚类"方法，即每个行为必须属于一个并且仅一个子流程。但是在实际的流程模型抽象中，人工划分过程使得存在不属于任何人工子流程的行为。对 $M_1 \sim M_{40}$ 中每个流程的行为总数以及那些包含在人工构造子流程中的行为数进行了统计比较，发现在平均情况下，有 10%的行为不属于任何子流程，但在运行本书的两个算法时，这些行为则都自动归类到某个子流程中。这些行为是导致 Overshoot 和 Undershoot 值偏高的一个最主要原因。

导致 Overshoot 和 Undershoot 值偏高的另一个原因是，一些行为即使语义上或结构上与子流程 S_2 距离较近（如本书提出的 objective 函数或其他函数计算的距离值），但根据设计者的标准，它们仍然被归类到了另外一个距离较远的子流程 S_1。这种情况下，仅根据行为与子流程之间的相似性值对行为进行归类已经不能满足实际的需求。

6.2.4　小结

本书提出了一种新的业务流程模型抽象方法，该方法根据行为语义和控制流顺序，采用基于约束的半监督聚类算法发现互相关联的行为集合，其中每个行为集合对应抽象流程模型中的一个粗粒度行为，基于真实的流程模型库进行的实验结果验证了提出方法的可应用性及有效性。

本书提出的方法有以下局限和假设：首先，该方法假设子流程数 k 可以事先确定，但是实际应用中发现，它很难根据建模者的经验准确获得；其次，k-means 聚类是一个数据集的硬划分方法，即每个行为必须归类至某一个子流程，但是实际上，在建模者手工进行子流程划分时，存在大量不属于任何子流程的行为，有些与某个子流程距离较近的行为甚至会被人工分配到其他距离较远的子流程中。

这些局限将在后面得到部分解决，如最直接设计恰当的评价指标评估流程抽象结果，生成最优子流程数（6.5 节）。另外，也可以应用和改进软聚类技术，如 FCM（fuzzy C-means）聚类，代替 k-means 聚类，从而更灵活地对行为进行子流程归类（见 6.4 节）。

6.3　改进的基于半监督聚类技术的业务流程模型抽象

这里存在几个问题，首先，对于初始簇的选取，虽然利用了启发式方法，但是仍然是将流程中的行为看成了零散的节点，并没有考虑到行为的块结构化特征，即由于流程保序要求，有些行为组在聚合成子流程的时候是不可分的。其次，6.2 节设计的由两部分构成的约束函数中，对语义距离和控制流顺序冲突两部分内容没有考虑到权重问题，因此不能很好地模拟人工划分的习惯。

本节基于 6.2 节提出的基于约束的行为聚类过程，进一步改进该方法。其中，对初始簇的选择利用了 RPST，其定义详见第 3 章。同时，对于约束函数，本节采用加权的方法对语义距离和控制流顺序冲突两部分内容进行控制，特别地，通过从实际的流程库中挖掘来发现权值的分配使得结果更加有实际意义。

6.3.1 本节引言

对业务流程模型抽象（BPMA）技术的描述并不总是使用业务流程模型抽象这个说法，有些文献更倾向于使用"开发流程视图"，如文献[83]、[110]，或者强调"流程化简"，如文献[172]，这些文献中使用的术语的基本目标与文献[52]中刻画的 BPMA 技术是一致的。在文献[52]和[84]中，作者给出了 BPMA 最突出的使用用例，即构造流程的"概要视图"以便快速理解复杂流程。为了满足这个需求，可以将流程模型作为粗粒度行为的部分有序集合，其中每个粗粒度行为与一组较低层的细节行为相对应。显然地，聚合行为的方法有很多，从用户的角度来看，将语义上相似的一组行为进行聚合则更具有实际意义[48]。基于结构的业务流程模型抽象[111, 120]仅根据控制流发现粗粒度行为，而不考虑行为的域语义，因此无法回答诸如"怎样发现域相关的行为集合"的问题。为了克服基于结构的业务流程模型抽象的局限，一些学者提出根据行为的业务域语义对行为进行聚合。一些研究考虑到聚合的语义部分，如文献[84]和[166]。但是，他们的假设，如行为本体的存在[84]，对于一般的使用来说太过于严格。文献[75]中的方法基于向量空间模型的应用，向量空间模型是信息提取中应用广泛的代数模型[173]。但是空间维度对应于行为属性值 P，该属性值是建立在以下假设之上：所有语义信息，如数据对象、角色和资源，都可以在实际使用的流程模型集合的描述中被观测到。另外，这些基于语义的方法仅根据业务语义相似性聚合行为，而不考虑模型转换的保序需求[83, 110, 111]，因此，从顺序一致性和结构连接性[138]的角度看，生成簇（候选子流程）中包含的行为分布相对比较分散。

因此，本节继续重点探索根据行为语义和控制流一致性聚合行为的方法。换句话说，给定一个业务流程模型，寻找行为集合，每一个行为集合都有一个自包含业务语义，同时尽可能减少控制流的丢失。

本节继续以图 3.2 中的"生成预测报告"为例，假设有四个合理的子流程候选，在图中分别用不同深浅颜色底纹标识，具体的细节描述见表 3.1。

本节对 6.2 节提出的基于约束的半监督行为聚类算法进行改进。这里首先对半监督聚类技术进行补充介绍，半监督聚类基于无监督聚类，如在文献[75]中使用的 k-means 聚类方法，通过使用标签数据（或者约束关系）指导聚类过程以提高聚类质量[174]。可以将半监督聚类算法分成三类：一类是基于约束的半监督聚类算法，该算法使用类标签或成对的约束条件来改善聚类算法本身[155, 162, 175-180]；第二类是基于度量或距离的半监督聚类算法，这类算法使用类标签或成对约束学习新的距离测量函数，来满足约束条件[181-190]；第三类方法是前两种半监督聚类算法的结合[177, 178, 187]。本节改进的方法也是通过将流程控制流一致性和行为语义相似性结合设计初始参数和约束条件，来指导聚类过程。根据抽象的保序特征和块结构化特征，这里基于 RPST 分解[138]，选择待抽象流程模型对应的 RPST 中的 k 个规范部件作为初始簇（种子集合），并计算初始簇中心。仍然采用将语义相似性和控制流顺序需求结合的方式设计约束函数来限制传统的 k-means 聚类过程，不仅聚合具有相似业务语义的行为，而且减少抽象结果的控制流丢失。不同的是，本节为约束函数的两个构成部分设计了权值参数，并通过在包含丰富子流程关系的流程模型集合中对参数取值进行挖掘。本节将该方法应用到与 6.2 节相同的流程模型库，即从项目的合作单位——某大型合资汽车生产商及其伙伴物流公司，获取的流程模型集合。该模型集合集成了高层行为和它们聚合的行为之间的分层关系，同时，流程模型中包含了多种类型的语义信息。在实验验证中，将提出的方法与传统的 k-means 聚类（随机选择初始簇，只基于语义进行距离计算）以及 6.2 节中的基于约束的半监督聚类过程比较，结果表明本节方法更好地模拟了建模者的行为聚类决策。

　　本节的内容安排如下：6.3.2 小节给出行为聚合作为半监督分析问题的细化描述；6.3.3 小节给出改进后的聚类算法，其中包括初始簇的生成以及约束函数的改进设计；6.3.4 小节使用前面所述的流程模型库进行实验验证并得出相关结论；6.3.5 小节对与本书相关的工作进行综述；6.3.6 小节为总结、存在问题分析以及工作展望。

6.3.2　行为聚合

　　这部分内容详细阐述本节提出的行为聚合算法。讨论如何将行为聚合解释成一个半监督聚类问题。然后，提出带有合适初始参数的受限的聚类算法。特别需要指出的是，这里会解释聚合设置如何实现以及设置信息如何从已经存在的流程模型集合中挖掘得到。

　　如前面所述，可以根据某个结构标准进行行为的聚合，如基于模式的方法[111-113, 115]和基于分解的方法[119, 120]。BPMA 基于结构的方法发现的流程片段在语义上不总是完整的，包含在其中的行为在语义上有可能不属于同一子流程（这里指的是业务语义）。如 6.2 节的讨论，根据行为的业务语义，行为聚合也可以解释为一个聚类分析问题。被聚类的对象集合是行为的集合 A_i，对象基于一个距离测量进行聚类：根据这个测量标准，彼此距离近的对象被聚合在一起。这个距离测量标准的语义部分可以根据对行为业务语义的不同表示来计算。为了避免由行为属性值的空间维度带来的过强的假设[75]，或者因为仅用行为标签描述行为而造成信息量过少，进而产生聚类错误[138]，本节仍然使用 6.2

节中引入的虚拟文档来表示行为。另外，继续将行为聚合解释为一个半监督聚类分析过程，不仅考虑行为的业务语义相似性，而且也考虑保序模型转换的需求，并为两者分配不同的权值作为聚类侧重点的调整参数。

接下来，继续讨论对 6.2 节的基于传统 k-means 聚类方法的 BPMA 的改进。首先，不采取随机或启发式方法，这里利用 RPST 的规范部件来选择初始簇（种子集合），该方法的依据是子流程的块结构化性质[138]，规范部件可以作为检测子流程的一个很好的基础。然后，类似于 6.2 节，本节继续将结合了流程控制流一致性和行为语义相似性的知识表述为聚类过程的一个实例层约束条件集合，并通过挖掘实际应用的流程模型库，得到约束条件两个组成部分的权值分配，当然，该权值也可以根据应用需求手工赋值。这种约束条件讨论后，本节将给出 BPMA 基于新提出的约束条件函数的受限 k-means 聚类算法。

最后的问题是怎样选择 k 值。对于那种从带有人工设计子流程的模型转化而来的流程模型（在 6.3.4 小节用于实验验证），k 值是已知的（即所有人工设计的子流程数），这时就使用该 k 值；对于在一个不带有子流程的流程模型中寻找子流程的实际问题，此时 k 是未知的，这时可以根据建模者的经验来指定该值。在本节讨论的场景下，用户要求对抽象流程模型中的行为数进行控制。例如，一个比较普遍的实用指导是在流程模型的每一层中显示的行为数为 5～7 个[191]。给定一个固定的数值，如 6，聚类算法能够保证聚类的数量与用户要求的相等。当然，会继续探索设计合适的评价指标来评估流程抽象模型，并生成最优的子流程数，详见 6.5 节的讨论。

6.3.3　BPMA 的受限的 k-means 聚类

1. 初始簇的生成

业务流程的块结构化需求非常普遍，RPST 的规范部件是检测子流程的一个很好的基础，即同一个规范部件中的行为往往属于同一子流程。因此，在初始流程模型的块结构化前提假设下，与传统 k-means 聚类的随机方法以及 6.2 节提出的基于行为连接紧密性方法不同的是，本节选择待抽象模型对应的 RPST 中的 k 个规范部件作为初始簇。为了尽可能分散地选择流程模型 PM 中的初始簇，在生成初始簇之前，首先进行以下假设来限制 RPST 中每层节点从左到右的顺序，即对于节点 x 的任意一对子节点 y 和 z：

（1）如果 $y \rightsquigarrow_{\text{PM}} z$，则 y 在 z 的左边；

（2）如果 $y \rightsquigarrow_{\text{PM}}^{-1} z$，则 z 在 y 的左边；

（3）否则，y 和 z 的顺序随机。

令 T 是流程模型 PM 对应的 RPST，本节将仅由单个行为构成的规范部件称为"原子部件"。按以下优先顺序选择 k 个初始簇（种子集合）生成集合 $S = (S_1, \cdots, S_k)$。

（1）对于 T 中的每个规范部件 C，如果 C 由超过一个单个行为或原子部件构成，则 $S_i \leftarrow C$；$i \leftarrow i+1$ 并重复执行该操作，直到不存在这样的规范部件或者 $i > k$。

（2）如果 $i < k$，则考虑 T 中那些仍未被选择节点的层，若该层包含叶子节点，则从每层随机选择一个叶子节点对应的行为作为种子 S_i；$i \leftarrow i+1$ 并重复执行该操作，直到不存在这样的行为或者 $i > k$。

（3）如果 $i < k$，则随机选择一个与已经被选节点不直接相邻的行为作为种子 S_i；$i \leftarrow i+1$ 并重复执行该操作，直到不存在这样的行为或者 $i > k$。

（4）如果 $i < k$，则随机选择一个单个行为作为种子 S_i；$i \leftarrow i+1$ 并重复执行该操作，直到 $i > k$。

以上步骤优先选择由多个单个行为或原子部件构成的规范部件作为初始簇（步骤（1））。从控制流程的保序角度，这样的部件更可能作为一个整体包含在子流程中。当步骤（1）中获得初始簇的个数小于 k 时，执行步骤（2）～步骤（4），其中前两步保证选择分散的单个行为，最后一步随机选择单个行为以完成 k 个初始簇的构造。由于业务流程模型中的子流程（簇）个数远小于行为的个数，所以当使用真实的流程模型生成初始簇时，大多数情况都能在步骤（2）之前或在步骤（2）生成所有 k 个初始簇，从而保证初始簇在流程模型中的分散性。

以图 3.3 为例：如果 $k=2$，初始簇为 $S_1 = B_2 = \{d, e\}$，$S_2 = P_3 = \{g, h\}$；如果 $k=3$，初始簇可以是 $S_1 = B_2 = \{d, e\}$，$S_2 = P_3 = \{g, h\}$，$S_3 = \{x\}(x \in \{a, b, i, j\})$。

2. 约束函数设计

抽象的固有属性是信息丢失，一个抽象模型比它对应的细节模型包含更少的顺序约束。在本节的设置中，一个行为的虚拟文档不仅包括行为属性标签中的术语，同时也包含该行为的所有相关文本描述中的术语。特别地，一个行为的虚拟文档由从行为标签得到的术语（若该信息可用）、授权执行该行为的角色标签、分配的输入和输出数据以及行为的文本描述构成[122]。对于一组行为，通过合并每个行为对应文档得到其虚拟文档。给定两个行为及其对应的虚拟文档，其距离计算公式详见 6.2 节。

以图 3.2 和表 3.1 所示的业务流程为例，流程中的行为 g：Prepare data for quick analysis 和 h：Perform quick analysis 对应的虚拟文档设为 d_g 和 d_h，同时设由这两个行为构成的子流程对应的虚拟文档为 d_{gh}，如图 6.1 所示，则 d_g 和 d_h 之间的距离为 $\mathrm{dist}(d_g, d_h) = 1 - \mathrm{sim}(d_g, d_h) = 0.27$。

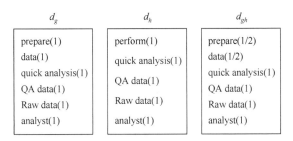

图 6.1　行为 g 与 h 以及由它们构成的子流程 gh 的虚拟文档

令 $A = \{a_1, \cdots, a_n\}$ 是业务流程模型 PM 的行为集合，$D = \{d_1, \cdots, d_n\}$ 是行为对应的虚拟文档集合。$\{\mu_1, \cdots, \mu_k\}$ 表示前文初始化的簇集合 $\{S_1, \cdots, S_k\}$ 对应的 k 个划分中心。6.2 节中，对于每个 $a \in A$，当将其分配到簇 S_i 时，不仅考虑 a 和 μ_i 之间的语义相似性（距离），同时考虑 a 加入到 S_i 产生的可能的控制流冲突（约束函数的第二部分）。因此，将语义相似性和控制流顺序相结合设计约束函数限制簇的选择，即当将行为 a 分配到某一个簇时，选择使得以下目标函数最小化的簇 S_i：

$$\text{objective1}(S_i, a) = w_1 \text{dist}(d, \mu_i) + w_2 \text{conflicts}^*(S_i \bigcup \{a\}) \tag{6.4}$$

式中，d 表示行为 a 的虚拟文档；$\text{dist}(d, \mu_i)$ 表示行为 a 与簇 S_i 的中心之间的虚拟文档距离；$\text{conflicts}^*(S_i \bigcup \{a\})$ 显示了将 a 分配给 S_i 所引起的冲突。

两个抽象行为之间的控制流关系可能会导致原始模型中的对应细节行为之间的顺序不一致。对于如何生成抽象行为的控制流关系在本书中不进行介绍，详见文献[150]。例如，假设 a、b 和 c 是原始模型 PM 中的行为，a 和 b 分别映射到抽象行为 x，c 映射到抽象行为 y，其中 x 和 y 是 PM 对应的抽象模型 PM_a 中的行为。在抽象模型中，如果 x 和 y 之间的关系是 r，则 a 和 c、b 和 c 之间的关系相应地也是 r。但是在原始模型中，假设 a 和 c 之间的关系是 r_1，b 和 c 之间的关系是 r_2，如果 $r_1 \neq r_2$，则这个抽象模型显然会导致原始模型中行为的顺序不一致。因此，要聚合 a 与 b，"a 与其他行为之间的控制流关系和 b 与相同行为之间的控制流关系是否一致"则可以作为一个关键的因素予以考虑，如图 6.2 所示。

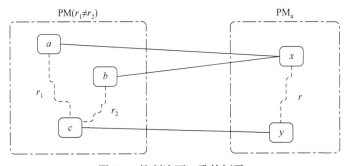

图 6.2　控制流不一致的例子

根据行为文档，存在四种顺序关系：$R=\{\leadsto_{PM}, \leadsto_{PM}^{-1}, +_{PM}, \|_{PM}\}$，如对于图 6.2 中的例子，有 $r_1, r_2 \in R$。对于条件 $r_1 \neq r_2$，r_1 和 r_2 有六种不同的组合，如 $\leadsto_{PM} \neq +_{PM}$，为每个组合分配一个权值来表示对这种组合代表的不一致性的容忍度（tolerance），其中"1"表示对这种不一致性发生的情况不进行行为聚合，而"0"表示完全忽略这种不一致而继续聚合。

为了更清楚地表示，这里利用一个矩阵 W 来表示所有六个冲突组合的容忍度。W 的值可以根据用户的抽象目标预先确定。设 $PM = (A, G, F, t, s, e)$ 是一个流程模型，$PM_a = (A_a, G_a, F_a, t_a, s_a, e_a)$ 是其对应的抽象模型，BP 是 PM 的行为文档。对于行为 $a, b, c \in A$，设 $\exists z \in A_a$，使得 $a, b \in \mathrm{aggregate}(z)$，$c \notin \mathrm{aggregate}(z)$，$BP(a, c) = r_i$ 并且 $BP(b, c) = r_j$（$r_i, r_j \in \{\leadsto_{PM}, \leadsto_{PM}^{-1}, +_{PM}, \|_{PM}\}$），则第 r_i 行、第 r_j 列的值 $W(r_i, r_j)$，表示将 a 和 b 聚合到 z 导致的冲突权值。

例如，使用矩阵 W，其中存储前面提出的冲突权值，如式（6.5）所示。

$$W(r_i, r_j) = \begin{cases} 0, & r_i = r_j \\ 1, & \text{其他} \end{cases} \tag{6.5}$$

对应的矩阵 W 如下所示：

$$W = \begin{array}{c c c c} \leadsto_{PM} & \leadsto_{PM}^{-1} & +_{PM} & \|_{PM} \\ \begin{bmatrix} 0 & 1 & 1 & 1 \\ & 0 & 1 & 1 \\ & & 0 & 1 \\ & & & 0 \end{bmatrix} & \begin{array}{l} \leadsto_{PM} \\ \leadsto_{PM}^{-1} \\ +_{PM} \\ \|_{PM} \end{array} \end{array}$$

用户可以根据不同的抽象目标放松冲突权值的取值，如根据增加或删除顺序关系的比率，可以定义 $W(\leadsto_{PM}, +_{PM}) = 0.5$，$W(\leadsto_{PM}, \|_{PM}) = 1/3$，$W(\|_{PM}, +_{PM}) = 0.75$ 等。令 $S \subset A$ 是 A 的子集，对于每个行为 $a_k \in A \setminus S$，S（作为一个抽象行为、一个簇或者一个子流程）和 a_k 的冲突值的计算方法如式（6.6）所示。

$$\mathrm{conflicts}(S, a_k) = \frac{1}{|S|(|S|-1)} \sum_{\substack{a_i, a_j \in S \\ 1 \leqslant i \leqslant j \leqslant |S|}} W(BP(a_i, a_k), BP(a_j, a_k)) \tag{6.6}$$

式中，$|S|$ 表示集合 S 中的行为个数。

S 的控制流冲突值用式（6.7）表示。

$$\mathrm{conflicts}^*(S) = \frac{1}{|A \setminus S|} \sum_{a_k \in A \setminus S} \mathrm{conflicts}(S, a_k) \tag{6.7}$$

考虑图 6.3 的流程模型 PM，其行为文档列举在表 6.4 中。

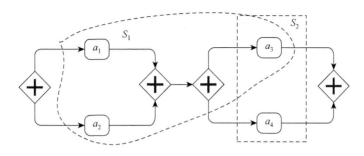

图 6.3　一个表示行为聚合顺序冲突的简单流程 PM

表 6.4　图 6.3 中的流程 PM 的行为文档

	a_1	a_2	a_3	a_4
a_1	$+_{PM}$	$+_{PM}$	$\leadsto_{PM}$	$\leadsto_{PM}$
a_2		$+_{PM}$	$\leadsto_{PM}$	$\leadsto_{PM}$
a_3			$+_{PM}$	$+_{PM}$
a_4				$+_{PM}$

当选择行为 a_3 可能属于的簇时，可以根据式（6.6）和式（6.7）计算将 a_3 聚合到 S_1 或者 S_2 所引起的结构冲突值，即 $\text{conflicts}^*(S_1)=1/3$，$\text{conflicts}^*(S_2)=0$。因此如果 a_3 与 S_1 的语义距离近，则该值对 a_3 而言可以扮演一个调整的角色，既从业务语义又从控制流顺序角度选择一个相对合理的簇。如果抽象是由人工实现，则设计者的建模习惯也会反映在抽象操作中。因此，w_1 和 w_2（$0 \leqslant w_1, w_2 \leqslant 1$）的值可以隐含着设计者的抽象重点：如果 $w_1=1$ 并且 $w_2=0$，则说明分类仅基于行为的业务语义；如果 $w_1=0$ 并且 $w_2=1$，则表示分类仅考虑控制流顺序保序要求。

有两种方式可以得到 w_1 和 w_2 的值：第一种方式中，用户根据其抽象所强调的重点，明确地指定这两个参数的值；第二种方式则采取一种非确定方式，从包含丰富子流程关系的流程数据库中挖掘得到两个参数的值。这里会给出一种方法指出 w_1 和 w_2 的值如何从这种流程模型集合中发现得到。

流程模型集合中的行为由模型设计者聚合成抽象行为，即子流程。确切的标准未知，然而，对于每个行为和每个子流程而言，都可以观测到以下结果：该行为属于该子流程或者该行为不属于该子流程。对于一个流程模型集合，用函数 belong 来形式化这一观测：

$$\text{belong}(a,S)=\begin{cases}0, & a \in S \\ 1, & \text{其他}\end{cases} \tag{6.8}$$

为了挖掘 w_1 和 w_2 的值，用以下方式选择这两个值：函数 objective 1 的行为模拟 belong 的行为。w_1 和 w_2 的值的发现通过线性规约来实现，这里考虑 objective 1 的值是无关变量，而 belong 的值是相关变量，w_1 和 w_2 是规约系数。

3. 行为聚合的受限的聚类算法

基于文献[162]中的 seeded-KMeans 算法，用前面生成的初始簇和式（6.4）所示的新的目标函数 objective 1 作为输入参数，给出 BPMA 的一个受限的聚类算法，如算法 Constrained-clustering-for-BPMA1 所示，该算法与 6.2 节的算法 Constrained-clustering-for-BPMA 执行过程相同，不同的是采用了本节设计的求解初始簇的方法以及新的目标函数 objective 1。

算法 Constrained-clustering-for-BPMA1

输入：待处理业务流程模型的行为集合 $A = \{a_1, \cdots, a_n\}$ 对应的虚拟文档集合 $D = \{d_1, \cdots, d_n\}$；子流程（簇）数 k；

初始簇（种子）集合 $S = \bigcup_{l=1}^{k} S_l$；行为文档 $BP(n \times n)$；权值矩阵 $\boldsymbol{W}$；w_1 和 w_2 的值

输出：使得本节改进的目标函数最小化的 A 的 k 个不相交划分 $\{C_l\}_{l=1}^{k}$

方法：

1. 初始化：初始簇中心 $\mu_i^{(0)} \leftarrow \frac{1}{|S_i|} \sum_{d \in S_i} d$，初始划分 $C_i^{(0)} \leftarrow S_i$，$i = 1, \cdots, k$；$t \leftarrow 0$

2. 重复执行以下步骤，直到所有行为不能再分配

　2.1 行为再分配：将每个行为 a 归类到簇 h^*（即集合 $C_{h^*}^{(t+1)}$），使得 $h^* = h \mid \min(\text{objective } 1(C_h, a))$

　2.2 估算新的簇中心：$\mu_h^{(t+1)} \leftarrow \frac{1}{|C_h^{(t+1)}|} \sum_{d \in C_h^{(t+1)}} d$

　2.3 $t \leftarrow (t+1)$

3. 输出所有 k 个划分 $\{C_l\}_{l=1}^{k}$

由于函数 objective 1 中不仅包含了初始簇中心，而且也包含了初始簇中行为的控制流关系，所以初始的 k 个划分 $\{C_l\}_{l=1}^{k}$ 用集合 S 进行分配。

以图 3.2 中的流程模型为例对本节提出的方法和文献[75]中使用的无监督聚类进行比较，并分析本节提出方法的优势和局限。为了简化，用字母表示该流程中的行为，具体如表 3.1 和图 3.3（a）所示，如 a：Receive forecast request、b：Collect data 等。这里将图 3.2 中所示的人工得到的子流程候选作为一个合理的划分，即 k=4，$C_1 = \{a, b\}$，$C_2 = \{c, d, e, f\}$，$C_3 = \{g, h\}$，$C_4 = \{i, j\}$。

1）初始簇对聚类结果的影响

如前面所述，采用无监督聚类方法的行为抽象过程，如文献[75]，利用随机方法生成初始簇中心，本书 6.2 节则利用行为的连接紧密性特征采用启发式方法生成初始簇中心。本节提出了一个新的生成初始簇中心的方法，即利用对初始模型的 RPST 分解，不仅得到初始簇中心，同时也得到了初始簇集合。

例如，分别使用随机生成的初始簇和本节方法生成的初始簇，运行算法

Constrained-clustering-for-BPMA1。

使用本节方法，得到初始簇：$S_1 = \{a\}$（或$\{b\}$），$S_2 = \{d,e\}$，$S_3 = \{g,h\}$，$S_4 = \{i\}$（或$\{j\}$）。算法将会收敛于簇集合：$C_1 = \{a,b\}$，$C_2 = \{c,d,e,f\}$，$C_3 = \{g,h\}$，$C_4 = \{i,j\}$。这个结果与图 3.2 中所示的合理的子流程候选一致。

但是，如果随机生成初始簇，例如，$S_1 = \{a\}$，$S_2 = \{b\}$，$S_3 = \{c\}$，$S_4 = \{f\}$，则算法将输出簇集合：$C_1 = \{a\}$，$C_2 = \{b\}$，$C_3 = \{c,d,e,g,h\}$，$C_4 = \{f,i,j\}$。这个结果显然不如本节方法生成的结果中包含的业务语义合理，并且存在更多的控制流冲突。例如，f 与 i 和 j 聚合，则会导致与 g 和 h 的顺序冲突。实际上，利用随机生成的初始簇中心作为参数运行了 20 次程序，其中只有 3 次输出了与图 3.2 所示的子流程一致的划分，剩余的都违反了保序要求。

2）同时结合语义与控制流一致性的距离测量方法的优势

从前面可以看出，聚类结果与初始簇中心密切相关。然而，在本节提出的算法中，聚类不仅由行为的业务语义指导，而且也考虑尽可能地保证控制流顺序。因此，即使对于"坏的"初始簇，与仅基于语义的相似性测量方法相比，仍然可以得到相对合理的簇。

例如，采用初始簇 $S_1 = \{a\}$，$S_2 = \{b\}$，$S_3 = \{c\}$，$S_4 = \{f\}$，如果使用基于语义的相似性测量方法，如式（6.4）所示的目标函数中的第一部分，则算法将收敛于簇集合 $C_1 = \{a,i,j\}$，$C_2 = \{b\}$，$C_3 = \{c,d,e,g,h\}$，$C_4 = \{f\}$；如果使用式（6.4）所示的目标函数作为相似性测量方法，则算法能够得到簇集合 $C_1 = \{a\}$，$C_2 = \{b\}$，$C_3 = \{c,d,e,g,h\}$，$C_4 = \{f,i,j\}$。

虽然上述聚类结果都不能直接得到一个合理的保序抽象模型，但是显然后者可以更好地生成另一个可能的划分：$C_1 = \{a\}$，$C_2 = \{b\}$，$C_3 = \{c,d,e,g,h,f\}$，$C_4 = \{i,j\}$。在给定所期望得到的簇的前提假设下，也可以定量地比较这两种方法，具体的评估指标见 6.2 节以及本节后面的实验部分。

当然，如果用本节方法生成的初始簇作为参数，即 $S_1 = \{a\}$（或$\{b\}$），$S_2 = \{d,e\}$，$S_3 = \{g,h\}$，$S_4 = \{i\}$（或$\{j\}$），则两种相似性测量方法都会使算法收敛到簇集合 $C_1 = \{a,b\}$，$C_2 = \{c,d,e,f\}$，$C_3 = \{g,h\}$，$C_4 = \{i,j\}$，这个与图 3.2 所示的子流程划分是一致的。但是，对于基于语义的相似性测量，在聚类的第一次循环之后，行为 b 与四个簇中心之间的距离分别为 0.75、1、0.75 和 0.75，如果不将 b 划分到 S_1，而是划分到另外两个子流程 S_3 或 S_4，将会生成以上结果。如果使用本节提出的式（6.4）所示的目标函数，那么在聚类的第一次循环后，行为 b 与四个簇中心之间的距离分别为 0.38、0.52、0.40 和 0.42，毫无疑问，行为 b 会被归类至 S_1 并且算法收敛。

3）聚类错误

本节中的行为聚类是一个硬划分过程，每个行为都会被划分到恰好一个簇中，当归类一个行为时，选择最近的簇中心。但是在 BPMA 的生成"概要视图"用例中，如果抽象是人工实现（如后面进行实验分析时，使用的已经包含丰富子流程关系的流程模型集合），通常有一些行为并不属于任何一个子流程，或者并没有被归类到距离最近的簇中心。根据图 6.4 中的流程片段，将这种行为描述为以下两种情况。

（1）如果 a 和 S_2 语义上相似度最大，则硬聚类方法（如 k-means 聚类）将 a 归类至 S_2。但由于流程控制流的保序性要求，行为 a 可能被人工归类至 S_1。

（2）如果 a 与 S_1 语义上相似度最大，则基于 k-means 聚类，a 必定归类于 S_1。但是由于该相似度的值并没有达到根据人工标准预定义的某个阈值，所以 a 最终没有被归类至任何子流程。

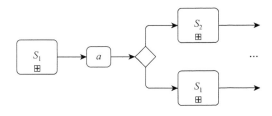

图 6.4　一个流程片段实例

本节通过利用同时结合控制流一致性和业务语义的距离测量方法归类行为，如式（6.4）所示的约束函数，但是行为文档本身在环路（特别是较大的环路）流程上下文情境下是存在问题的，例如，如果将图 6.3 中的流程片段放在一个循环中，则行为之间的所有关系将变成"+"，因此，在这种情况下，式（6.4）所示的约束函数的第二部分将不再起作用。这个问题的主要原因是，没有考虑对结果抽象模型进行评估，因此硬划分不能保证将图 6.4 中的行为 a 正确地进行划分。所以可以得出结论，仅仅基于最近中心准则对行为进行归类是不够的。当决定一个行为是否应该归类到某个簇，预先定义的阈值是一个很好的约束条件。在下一部分内容中，会引入模糊聚类技术。这个新的方法将计算所有行为与簇中心的模糊矩阵，其中每个行为对于某个簇中心都至少有一个非零隶属度值。基于该矩阵，可以确定所有的如图 6.4 的特殊行为以及它们的归属状态。根据特殊行为的状态组合，列举所有可能的结果抽象模型，并设计一个新的评价指标评估该抽象模型，进而确定这些行为最终所属的簇。

6.3.4　实验分析

为了验证本书提出的方法得到的流程模型抽象结果相对于人工设计子流程的接近程度，通过对真实的业务流程模型库进行实验，并给出相应的实验结果，这部分内容将对实验设计和验证结果进行详细的描述和解释。

1. 实验架构

1）选择业务流程模型集合

这里选择模型的标准与 6.2 节相同，不同的是，选择了 50 个模型作为实验对象，其中前 40 个模型与 6.2 节中 $M_1 \sim M_{40}$ 相同，$M_{41} \sim M_{50}$ 是不包含任何子流程的展开模型。表 6.5 给出了所选流程模型的相关属性。

表 6.5　实验流程模型 $M_1 \sim M_{50}$ 的相关属性

	$M_1 \sim M_{40}$			$M_{41} \sim M_{50}$
	行为	子流程	子流程中的行为	行为
平均值	94.10	7.97	7.52	71.00
最大值	127.00	20.00	10.50	101.40
最小值	59.00	3.00	4.20	57.00

2）挖掘约束函数

为了形式化地验证所设计的行为聚合能够有效地模拟建模者的行为将行为集合聚类到同一个子流程，选择文献[75]中采用的方法。对于行为和流程分层的每一个配对，评估流程模型集合中的两个值：belong 和 objective1。其中 belong 描述人工抽象的风格，表明某个行为是否被放置在某个子流程中。objective1 的值表示行为和子流程之间的距离，其计算方法是根据本节的语义与结构结合的方法。为了揭示两种方法是否生成相似的结果，研究两个变量之间的相关性。两个变量间的强相关性表明 objective1 在聚类算法中是一个好的约束函数。给定被观测变量的特征，利用斯皮尔曼等级相关系数。

接下来，首先从整体上研究在模型集合中人工抽象的风格或模式。然后，应用 K-fold 交叉验证过程[75]来证明得到的结果。这里选择 30 个带有人工设计子流程的模型（$M_1 \sim M_{30}$），将模型样本划分成 4 个子样本，即 $K=4$，执行四次测试。每一次测试中，划分都是随机的，三个子样本被用来发现 w_1 和 w_2 的值，而第四个子样本则用来评估 belong 和 objective1 值之间的相关性。

3）评估 BPMA 的受限的聚类算法

为了简化，这里应用本节提出的 BPMA 受限的聚类算法（Constrained-clustering-for-BPMA1）和无监督的 k-means 聚类过程（简称为 k-means-for-BPMA）。第二个算法如 6.2 节所述，与文献[75]类似，通过计算行为和簇之间的距离自动获取细节展开流程模型的子流程分解，其中距离的计算只根据行为的业务语义（如本节的"dist"），并采用随机选择行为的方法进行簇中心的初始化。对这两种方法生成的抽象结果进行比较，算法的验证包括两个部分：第一部分将包含丰富人工设计子流程的流程模型 $M_{31} \sim M_{40}$ 转换为对应的展开模型，分别应用 Constrained-clustering-for-BPMA1 算法和 k-means-for-BPMA 算法生成簇（子流程）集合，然后比较它们与初始人工设计子流程的相似度；第二部分对模型 $M_{41} \sim M_{50}$ 运行 Constrained-clustering-for-BPMA1 算法和 k-means-for-BPMA 算法，并将抽象结果发给参与本实验的工作人员进行人工评估和分析。

这里同样引用 6.2 节中的部分相关指标来比较人工设计的子流程分解与自动生成行为簇之间的各种特征，包括 subprocesses，avg activities per subprocess，max activities each subprocess，min activities per subprocess，Precision，Recall，Overshoot 和 Undershoot，详细解释见 6.2 节。

第二部分实验对 10 个原始细节模型 $M_{41} \sim M_{50}$ 分别执行 Constrained-clustering-for-BPMA1 方法和 k-means-for-BPMA 方法，然后将自动抽象的结果模型分发给 10 个参与项目合作的工作人员，对每个抽象模型进行人工的分析和评估，即每个工作人员根据经验独立在自动生成的行为簇基础上进行节点扩充或删除，将其修正为符合人工设计经验的子流程。按照第一部分实验的方法，对 10 个模型 $M_{41} \sim M_{50}$ 可以得到各个指标的 10 组不同的值，将 10 组值取平均后得到每个模型各个指标的实验评估结果。

为了简化，对每个行为簇 P_A，只统计工作人员人工添加节点的个数 n_{add}（表示本应属于该行为簇但是未被自动生成的节点）和删除节点的个数 n_{del}（表示自动生成但不属于该行为簇的节点），则 $|P_A| + n_{add} - n_{del}$ 表示人工修正后得到的子流程节点数，当 $|P_A| + n_{add} - n_{del} = 0$ 时表示该流程片段 P_A 不构成有意义的子流程，即不匹配任何人工设计的子流程。

各个指标值可以从第一部分的实验验证中转化得到，具体计算公式如下，其中 $|\text{Group}|$ 表示对应组中的员工人数：

$$\text{Overshoot*} = \frac{\sum_{person \in Group} \dfrac{\sum_{P_A \in \mathcal{P}_A} n_{del}}{\sum_{P_A \in \mathcal{P}_A} |P_A|}}{|\text{Group}|}$$

$$\text{Undershoot*} = \left(\sum_{person \in Group} \frac{\sum_{P_A \in \mathcal{P}_A} n_{add}}{\sum_{P_A \in \mathcal{P}_A} \left(|P_A| + n_{add} - n_{del} \right)} \right) / |\text{Group}|$$

$$\text{Precision*} = \frac{\sum_{person \in Group} \dfrac{\sum_{P_A \in \mathcal{P}_A} \left(|P_A| - n_{del} \right)}{\sum_{P_A \in \mathcal{P}_A} |P_A|}}{|\text{Group}|}$$

$$\text{Recall*} = \left(\sum_{\text{person} \in \text{Group}} \frac{\sum_{P_A \in \mathcal{P}_A} \left(|P_A| - n_{\text{del}} \right)}{\sum_{P_A \in \mathcal{P}_A} \left(|P_A| + n_{\text{add}} - n_{\text{del}} \right)} \right) / |\text{Group}|$$

$$F^* = \left(\sum_{\text{person} \in \text{Group}} \frac{2 \cdot \text{Precision}^* \cdot \text{Recall}^*}{\text{Precision}^* + \text{Recall}^*} \right) / |\text{Group}|$$

2. 结果与分析

表 6.6 给出了挖掘 w_1 和 w_2 的验证结果。表中的列对应于函数 objective1，函数 objective1 中使用的 w_1 和 w_2 的值使用前面所述的线性规约方法得到。表 6.6 中的行对应于每一次的实验，行 1~4 描述了如前所述的 K-fold 交叉验证法得到的四次实验结果，最后一行给出了四次独立实验观测到的平均相关度值。通过使用 99% 的置信度，表 6.6 中给出的相关度值全部是重要相关的，即所有的 p 值都低于 0.01。总的来说，除了第一次实验的值较低（0.55），其他所有给出的相关度值大约是 0.7。这个水平通常认为表示强关联性，特别是在有认为决策参与的情况下。因此，可以说 belong 和 objective 测量值具有强关联性。

表 6.6　在 **K-fold** 交叉验证中观察到的相关度值

实验	$\rho(\text{belong}, \text{objective})$
Test$_1$	0.55
Test$_2$	0.70
Test$_3$	0.77
Test$_4$	0.68
Average$_{1\sim4}$	0.68

从模型 $M_1 \sim M_{30}$ 中进行四次实验挖掘 w_1 和 w_2 的值，并且使用四次的平均值作为式（6.4）的参数运行 Constrained-clustering-for-BPMA1 方法和 k-means-for-BPMA 方法，并且比较这两种方法产生的抽象结果。表 6.7 为对模型 $M_{31} \sim M_{40}$（初始时包含了人工设计的子流程，在实验之前被转换成了对应的展开模型）进行的第一部分实验的验证结果。为了简化，只给出前面引入的各项指标对这 10 个模型实验得到的平均值。

表 6.7　各项指标对模型 $M_{31} \sim M_{40}$ 实验得到的平均值

指标	Constrained-clustering-for-BPMA	k-means-for-BPMA	原始模型
subprocesses	8.4	8.4	8.4
avg activities per subprocess	12.57	12.59	8.31

续表

指标	Constrained-clustering-for-BPMA	k-means-for-BPMA	原始模型
max activities each subprocess	24.6	34.8	15.8
min activities per subprocess	4.7	2.5	4.1
Precision	0.53	0.32	—
Recall	0.59	0.35	—
F	0.56	0.33	—
Overshoot	0.38	0.59	—
Undershoot	0.41	0.65	—

表 6.8 给出了对展开流程模型 $M_{41}\sim M_{50}$ 进行第二部分实验得到的验证结果，其中，子流程数 k 由建模者根据其经验预先指定。

表 6.8　各项指标对模型 $M_{41}\sim M_{50}$ 实验得到的平均值

指标	Constrained-clustering-for-BPMA	k-means-for-BPMA	修正后
subprocesses	9.07	9.07	6.7
avg activities per subprocess	8.8	8.1	9
max activities each subprocess	16.5	27	10.2
min activities per subprocess	2.7	1	3
Precision*	0.76	0.31	—
Recall*	0.76	0.44	—
F*	0.76	0.36	—
Overshoot*	0.39	0.4	—
Undershoot*	0.24	0.35	—

如前所述，F 值是一个很重要的指标，它给出了自动子流程分解与人工设计的子流程分解之间的接近程度。从表 6.7 和表 6.8 可以看出，算法 Constrained-clustering-for-BPMA1 的抽象过程比 k-means-for-BPMA 算法的划分方法要更加接近于人工划分结果。

为了强调子流程的业务意义，在第二部分实验的评估阶段，参与实验的人员只根据单个簇对行为进行添加或删除，而不考虑整个抽象流程模型的控制流。因此发现很多修正过的子流程重用了相同的行为或者甚至重用了其他子流程。但是 F 值等于 0.76 已经表明了自动抽象结果很好地模拟了人工子流程的划分结果。

由于使用了同时结合语义与结构的约束函数来指导聚类过程，每个自动生成的子流程中的行为的最大值大大地减少了，并且更加接近于人工设计子流程中包含的行为的最大值。这表明对于分配行为到一个簇（子流程）的相对有效的控制。

但是，也发现 Overshoot 和 Undershoot 的值在两部分实验中仍然相对偏高。

无论 Constrained-clustering-for-BPMA1 方法还是 k-means-for-BPMA 方法，都属于硬聚类，这意味着每个行为必定恰好属于一个子流程。但是实际情况是，存在不属于任何人工设计子流程的行为。图 6.5 显示了模型 $M_{31} \sim M_{40}$ 中的行为的总数量和那些包含在人工子流程中的行为的数量情况。平均情况下，有 10% 的行为不属于任何人工设计子流程，但是无论如何它们都被聚类到了一个自动生成的子流程中。这些行为是造成 Overshoot 和 Undershoot 的值较高的一个原因。

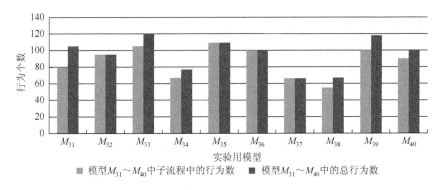

图 6.5　模型 $M_{31} \sim M_{40}$ 中的行为分布

Overshoot 和 Undershoot 的值较高的另一个原因是在人工设计者的标准下，一些行为被归类到了 S_1，但是在语义和结构上却更接近于子流程 S_2，即这些行为与它们被归类的子流程之间的距离大于与它们未被归类的子流程之间的距离，该距离可以利用本节提出的函数 objective1 或者其他距离函数。这种情况说明，仅根据行为与子流程的相似性归类行为是不够的。

6.3.5　相关工作综述

业务流程模型抽象与很多研究流派都比较相关，本书主要侧重于业务流程管理学科，关注于使用方法、技术和软件来设计、制定、控制和分析业务流程。

一个大的知识体对应于基于模型转换的流程模型分析。这种模型转换方法的一个例子是基于结构模式，流程模型展现出反复性的结构是一个广泛使用的观测[112-114, 116]。这种反复性结构的考虑促进了几个形式化模型分析方法，例如，文献[24]和[192]讨论了反复性结构如何加速可靠性检查。反复性结构的拓扑通过模型进行描述，并对每种模式指定了转换方法。结构模式可以用来实现流程模型抽象，也就是说，对于聚合而言，带有相关转换的模式是一个很自然的候选。文献[48]将结构模式及其转换说明的组合定义为一个基本抽象（elementary abstraction），然而，相对于在实践中观察到的流程模型结构而言，所确定的流程模型片段类型集合肯定是不完整的。因此，并不是每一个流程模型都能利用给出的基本抽象集合进行抽象。在这种背景下，各种研究都提出更广泛的基本抽象集。例如，文献[111]中补充了顺序、块状和带有死端（the dead end）基本抽象的循环基本抽象；文献[140]和[141]提出了更加复杂的基本抽象。

但是每个基本抽象集合都要求用给定的基本抽象讨论模型类还原，对这种讨论的需求是基于模型方法的主要局限性。流程模型分解方法则没有这个局限：这种方法寻求带有特定属性的流程片段。这种分解的例子详见文献[78]，其中发现了单入单出的片段。流程模型分解的结果是根据包含关系得到的流程片段分层，即流程结构树（the process structure tree），这样的树可以用作流程模型抽象[119]。

最后，可以区分出保留流程行为属性的模型转换。在文献[193]中，van der Aalst和 Basten 引入了工作流网（WF-nets）的行为继承的三个概念，并且研究了继承属性。文章提出了模型转换，使得结果模型集成了初始模型的行为。流程模型抽象的方法可以利用诸如基本操作的转换，Kolb 等[147]引入了一个框架，该框架使得基于参数化聚合和约简操作的保序流程模型抽象成为可能。特别地，这些操作可以以不同的方式进行配置，既保留了初始流程模型的行为，也允许根据相应的应用上下文有一些条件的放松（即顺序约束冲突）。

上面概述的模型转换可以支持解决流程模型抽象的一般问题，但它们都专注于结构和行为方面的模型和模型转换，而不考虑语义部分。

行为的语义聚合涉及对语义业务流程管理的研究，并且，包含丰富语义信息的流程模型会方便很多流程分析任务，详见文献[194]。沿着这个研究方向，一些学者讨论了如何使用行为本体实现行为聚合[195, 196]。但是应该注意到，这些研究意味着存在模型元素及其关系的语义描述，这个限制在真实应用中很少能够满足。文献[83]给出了行为聚合的一个半自动方法来减少人工工作量，但是这个方法需要模型外部的预定义信息的辅助：确定行为部分-整体关系的域本体来评估行为的相关性。除了结构信息，文献[75]给出了一个在流程模型中利用语义信息的方法，来决定哪些行为属于同一子流程。这个方法仅仅根据业务语义聚合行为，不讨论控制流问题，抽象模式是从一个特定域的模型集合挖掘得到，这使得距离测量方法不够一般。文献[122]提出一个确定功能上与给定行为相似的一组行为的方法，但是这种匹配过程是作用在两个不同的流程模型之间，因此该方法无法直接应用到一个单一模型中。文献[138]提出了三类标准决定节点是否应该构成一个子流程。块结构化标准将 RPST 中的规范部件作为候选子流程，连接性（connectness）标准使用图聚类[139]分析方法建立业务流程中的互相强连接的节点集合。这两个标准基于结构信息发现子流程，许多生成的子流程过大或过小，并且没有业务意义。标签相似性（label similarity）标准基于如下想法：拥有相似标签的节点比那些具有非常不同标签的节点具有更高的可能性属于同一子流程。但是仅依赖行为的名字对于展现行为之间的相似性关系并不足够。

基于结构的业务流程模型抽象往往更适合用户控制的情况，用户能够决定哪些行为是重要相关的、哪些行为是无关的，抽象操作将无关行为隐藏到某些结构模式或者分解部件中。而在生成流程模型"快速视图"的上下文中，抽象完全不受用户控制而给出所有拥有有意义的业务语义的子流程候选。这种情况下，仅基于结构的业务流程模型抽象不能回答诸如"如何发现语义相关的行为"或者"候选子流程是否具有业务意义"的问题。基于语义的业务流程模型抽象提出从业务语义角度发现聚合的行为，这种方法只考虑域语义而不考虑控制流，因此一个候选子流程中的很多行为并不是结构上关联紧密，进而导致生成了非保序抽象模型。本书作者提出了一种方法通过发现语义描述与规范部件最相似的行为集合来扩展规范部件，详见文献[126]。但是行为发现过程限制在那些与 RPST 中规范部件直接相邻的节点，这使得该方法更接近于基于结构的抽象。目前，还没有将业务语义和控制流结合指导行为聚合的明确研究。

建立一个行为粒度层同样是流程挖掘中的挑战，其中，日志包含了通常非常细粒度的记录。流程挖掘指的是从事件日志中提取流程模型[197]。真实的流程往往比预期更少结构化，因此，直接从日志中挖掘的流程模型可以用使其难以理解的信息重载。因此，一些研究者提出抽象技术改善挖掘的模型。在文献[198]中，作者指出，事件日志中显现的通用执行模式（如串联排列、最大重复排列等）可以用来建立抽象，而且这些抽象被用在流程发现[199]的两阶段方法中作为对事件日志的预处理，进而使得分层的流程模型发现成为可能。但是他们定义的模式与流程控制流密切相关并且依赖于丰富流程日志的有效性。本书提出的方法中，发现待抽象的行为不仅考虑控制流一致性，同时也考虑隐含在人工设计标准中的业务语义，并且，本书是基于细节流程模型的拓扑描述生成抽象行为，而不需要任何流程日志。实际上，模型很少包含这种细节执行信息[52]。

在文献[200]中，作者用一个嵌入在 ProM 中的插件链阐述了分层流程模型的发现过程。（增强的）模糊挖掘器插件[172]被应用在转换的日志上。在文献[172]和[201]中，Günther 和 van der Aalst 基于聚类算法提出了行为聚合机制。该机制扩展地使用流程日志中的信息，即行为开始和结束的时间戳、行为频率和转换概率，然而这些信息对于流程模型来说并不一般。因此，与本书提出的行为聚合方法相反，流程挖掘考虑聚类的其他行为属性类型，并且利用了其他的聚类算法。

6.3.6　小结

业务流程模型抽象在一些研究领域被提出，但是本节和 6.2 节中，提出了该领域一个新的方法。这部分内容第一个贡献是基于受限的 k-means 聚类分析从业务语义和控制流顺序方面发现相关行为集合，其中每个行为都对应抽象模型中的一个粗粒度行为。第二个贡献是提出了从给定流程模型集合中挖掘聚类约束函数的方法，该方法对于新的流程模型抽象是可重用的。实验验证结果给出了所提出方法的可用性及有效性的很强的支持。

以上提出的方法同时具有一些局限性和假设。第一，该方法建立在子流程数目 k 可以预先确定的前提下，而实际上，这是很难仅根据建模者经验给出的。表 6.8 和图 6.5 中的实验结果表明修正后的子流程数与预先给定的子流程数（根据建模者经验给出的一个估计值）并不完全相等。

第二，k-means 聚类是数据集的硬划分，这意味着每个行为必定属于一个子流程。但是实际上，存在不属于任何人工划分子流程的行为。甚至一些行为用提出的目标函数计算出与一个子流程距离较近，但是在建模者人工设计时，却分配到了另外的子流程。

第三，利用尽可能多的信息计算行为之间的相似度，但是当生成一个抽象流程模型时，只考虑了控制流，而没有考虑其他方面，如数据对象、数据流、资源等。

当然，这里还存在其他的局限性，这些都为将来的研究提供了方向。最直接的研究方向就是设计合适的评价指标取评估流程抽象结果，并且生成最优子流程数，本章最后一节会简要讨论。也可以应用和改进软聚类技术，如 FCM 聚类，代替 k-means 聚类，使得可以更灵活地分配行为到子流程，下一节会重点讨论该方法。进一步地，可以探讨如何从其他角度，如文献[202]中所述，在抽象一个流程模型时支持控制流。

另外，这里并没有探讨如何生成聚类后的抽象行为之间的控制流结构。本节引入基于业务流程模型行为文档生成行为控制流的算法，该算法根据良构行为文档构造业务流程模型。根据行为聚类算法（算法 Constrained-clustering-for-BPMA1，这里称为 Module1）获得的抽象行为及其与细节行为之间的映射关系，可以计算抽象结果模型对应的行为文档，但是利用该行为文档却不一定能够生成正确的流程模型，即该文档未必满足良构性。

因此，可以进一步设计行为文档的有效性识别与良构转换算法，通过调整在行为聚类（Module1）过程中发生异常分配的行为，将非良构抽象行为概要文件转换成良构行为概要文件，从而保证正确生成抽象模型的行为控制流，得到业务流程抽象结果模型。因此，Module2 由以下三个子部分构成：Module2.1 抽象行为文档生成算法；Module2.2 良构行为文档生成算法；Module2.3 抽象行为控制流生成算法。

整个算法设计的流程如图 6.6 所示，其中 Module2 是作者未来将要开展的工作之一。

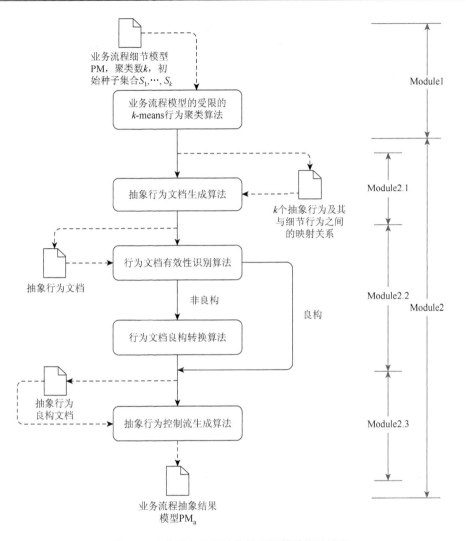

图 6.6　生成业务流程抽象模型的算法设计流程

6.4　引入模糊聚类技术的业务流程模型抽象

本节针对前面所述的硬聚类无法识别特殊行为（本书称为"边缘行为"）而将所有行为强行归类的局限，提出行为的模糊划分方法，通过计算行为属于子流程的可能性来构造行为与子流程的模糊划分矩阵，并进一步定位边缘行为。并提出两种生成初始簇的方法：基于子流程的结构紧密特征和基于流程结构树。这两种方法都是基于子流程中行为的结构相关性特征。提出归类边缘行为的硬划分算法，结合流程的控制流保序需求设计新的评价指标，根据对抽象结果模型的评估将边缘行为归类至最优的硬划分中。将提出的方法应用于真实的流程模型库，验证了基于虚拟文档的行为距离测量方法对于生成模糊划分矩阵的有效性，并在已有的包含人工设计子流程的流程模型库中挖掘用于计算模糊划分矩阵的控制参数，进一步将本书提出的方法与已有的 k-means 行为硬聚类方法对比，结果表明提出的方法生成了更接近于人工设计的流程抽象结果，同时对有效的业务流程模型抽象提供了一定的建模支持。

6.4.1 本节引言

前面章节介绍了行为聚类的方法，利用 k-means 聚类算法将行为集合划分成 k 个簇，每个簇作为一个候选子流程，该方法完全考虑到子流程的构成特征，即相同子流程中的行为之间语义相似性较高，而不同子流程的行为之间语义相似度则较低。k-means 聚类是一种硬划分方法，结果是使得每个行为最终属于一个簇（子流程），在归类行为时，选择与该行为距离最近（语义上最相似）的簇中心。但是在 BPMA 的实际应用上下文中，建模者有时会手工将某些行为归类到与其语义上并不是最相似的簇中心，甚至有些行为不属于任何子流程，本节中将这种行为称为"边缘行为"。当然，可以通过结合流程结构信息与行为语义信息构造距离测量方法或约束函数来指导行为的归类，但是如果不对抽象后的结果模型进行整体评估，那么这种硬划分方法仍然无法捕捉边缘行为，进而造成划分错误，从前面章节实验结果中过高的 Undershoot 指标值和 Overshoot 指标值可以体现这种情况的存在。

本节引入模糊聚类技术生成行为的模糊划分矩阵，其中每个行为对于每个簇（候选子流程）都有一个隶属度值。利用模糊划分矩阵可以定位边缘行为，根据一个新的评价指标将边缘行为归类至最优的硬划分中。本节设计的评价指标基于如下最优化标准：使得最终抽象模型对原始细节模型进行的控制流改变达到最小化。融合模糊聚类技术的业务流程模型抽象过程如图 6.7 所示。

本节的内容安排如下：首先给出了 BPMA 中行为聚类的模糊版本，并且使用 PCM（possibilistic C-means）算法[203]计算可能性划分矩阵。然后设计算法实现模糊划分的硬转化过程，其中行为之间的距离仍然采用前面章节中引入的虚拟文档方法，初始簇的生成采用 6.2 节中提出的基于结构紧密性特征的启发式方法。接下来利用包含人工设计子流程的真实的流程模型库，对提出的方法和行为硬聚类（如 k-means 聚类）对比，并对结果进行分析。最后进行总结和讨论。

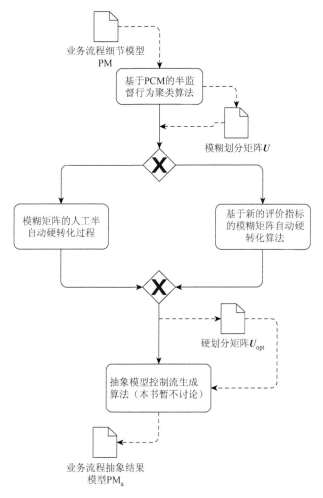

图 6.7　融合模糊聚类技术的业务流程模型抽象过程

6.4.2　模糊的业务流程模型抽象

如前所述，业务流程模型抽象通常指行为的抽象，要求从低层步骤（steps）转换为高层任务（tasks），本节重点是将模糊划分概念引入业务流程抽象，提出业务流程模型抽象中行为的模糊划分过程。

1. BPMA 中行为的模糊划分

首先将 BPMA 的计算结果用行为集合 A 的硬划分表示：$P_a = \{\text{aggregate}(A_i) \mid 1 \leqslant i \leqslant k\} \subset P(A)$，$P(A)$ 是行为集合 A 的幂集，每个 A_i 都表示抽象行为集合 A_a 中的一个抽象行为，aggregate 表示聚合函数（见定义 2.4）。子集族 P_a 包含以下属性[204]：

$$\bigcup_{i=1}^{k} A_i = A \qquad\qquad (6.9a)$$

$$A_i \bigcap A_j = \varnothing, 1 \leq i \neq j \leq k \qquad\qquad (6.9b)$$

$$\varnothing \subset A_i \subset A, 1 \leq i \leq k \qquad\qquad (6.9c)$$

式（6.9a）表示行为子集 $A_i(1 \leq i \leq k)$ 的并集，包含所有行为。式（6.9b）表明各个行为子集之间不相交，式（6.9c）表示不存在空的或包含 A 中所有行为的子集。根据事先定义的行为相似性函数，可以用划分矩阵 $\boldsymbol{U}_1 = [\mu_{ij}]_{k \times n}$ 表示行为的抽象划分，矩阵 $\boldsymbol{U}_1$ 中的元素满足式（6.10）所示的条件：

$$\mu_{ij} \in \{0,1\}, 1 \leq i \leq k, 1 \leq j \leq n \qquad\qquad (6.10a)$$

$$\sum_{i=1}^{k} \mu_{ij} = 1, 1 \leq j \leq n \qquad\qquad (6.10b)$$

$$0 < \sum_{j=1}^{n} \mu_{ij} < n, 1 \leq i \leq k \qquad\qquad (6.10c)$$

在式（6.10）中，k 表示 A_a 中的抽象行为个数，其含义与发现的子流程数 k_s 不同。当用户要求得到 k_s 个子流程，是指发现映射到 k_s 个业务域相关的行为子集的更高层任务，这里 k_s 个子流程不一定包含 A 中所有的行为。如图 6.8 所示，其中 $k=5$，$k_s=3$，PM_a 和 PM 中的行为之间的映射关系用不同深浅的底纹标识。

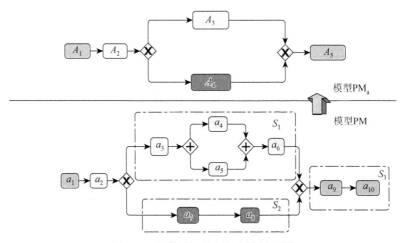

图 6.8　子流程与对应行为映射示例

一方面，图 6.8 中的抽象结果要求发现域相关的行为来构造候选子流程（如行为 a_7 和 a_8，a_9 和 a_{10}）；另一方面，要求确定某些具有特定属性的行为（如未被归类至任何子流程中的行为 a_1 和 a_2）。

在 BPMA 的概要视图使用用例上下文中，如果抽象是由人工实现，发现总是存在一些行为不属于任何子流程或者没有被归类至距离最近的簇中心，即前面提到的"边缘行为"，如图 6.9 中的行为 a。

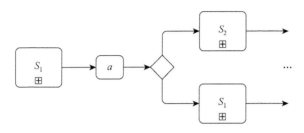

图 6.9　边缘行为示例

在对行为 a 进行归类时，有可能存在以下两种情况。

（1）如果 a 和 S_2 语义上相似度最大，则硬聚类方法（如 k-means 聚类）将 a 归类至 S_2。但由于流程控制流的保序性要求，行为 a 可能被人工归类至 S_1。

（2）如果 a 与 S_1 语义上相似度最大，则基于 k-means 聚类，a 必定归类于 S_1。但是由于该相似度的值并没有达到根据人工标准预定义的某个阈值，所以 a 最终没有被归类至任何子流程。

这两种情况的存在也部分地解释了前面利用 k-means 算法得出的抽象结果中，指标 Undershoot 值和指标 Overshoot 值相对较高的原因。

与式（6.9）和式（6.10）中所示的流程抽象的硬划分类似，将所有 k_s 个子流程表示为式（6.11），其中 k_s 是用户预定义的子流程数。

$$\bigcup_{i=1}^{k_s} S_i \subseteq A \tag{6.11a}$$

$$S_i \bigcap S_j = \varnothing, 1 \leqslant i \neq j \leqslant k_s \tag{6.11b}$$

$$\varnothing \subset S_i \subset A, |S_i| > 1, 1 \leqslant i \leqslant k_s \tag{6.11c}$$

划分矩阵 $\boldsymbol{U}_2 = [\mu_{ij}]_{k_s \times n}$ 如下所示：

$$\mu_{ij} \in \{0,1\}, 1 \leqslant i \leqslant k_s, 1 \leqslant j \leqslant n \tag{6.12a}$$

$$\sum_{i=1}^{k_s} \mu_{ij} \in \{0,1\}, 1 \leqslant j \leqslant n \tag{6.12b}$$

$$0 < \sum_{j=1}^{n} \mu_{ij} < n, 1 \leqslant i \leqslant k_s \tag{6.12c}$$

式（6.11）和式（6.12）从形式上解释了行为不属于任何子流程的情况，显然地，若使用 k_s 作为参数表示生成最终子流程的数目，则硬划分方法必定会将所有行为都归类至对应的簇（子流程）中。这样的抽象结果通常与人工抽象的结果不一致, 如图 6.8 中的边缘行为 a_1 和 a_2 无法正确归类。因此, 当归类某个行为时, 仅选择最近的聚类中心是不够的, 应该加入一些其他特定的约束, 如使用距离阈值来限制一个行为是否可以归类到某个子流程。然而, 这种阈值实际上很难被预先合适地给出, 因此本节引入模糊聚类方法。

首先, 将式（6.12）中的划分矩阵转换为式（6.13）所示的可能性划分矩阵。

$$\mu_{ij} \in [0,1], 1 \leqslant i \leqslant k_s, 1 \leqslant j \leqslant n \tag{6.13a}$$

$$\exists i, \mu_{ij} > 0, \forall j \tag{6.13b}$$

$$0 < \sum_{j=1}^{n} \mu_{ij} < n, 1 \leqslant i \leqslant k_s \tag{6.13c}$$

式中, μ_{ij} 解释为行为 a_j 对于簇（子流程）S_i 的特征值（typicality）或者隶属度。利用 Krishnapuram 和 Keller[203] 提出的 PCM 模型:

$$\min J_{\text{PCM}}(A,U,V) = \sum_{i=1}^{k_s} \sum_{j=1}^{n} \mu_{ij}^m \cdot d_{ij}^2 + \sum_{i=1}^{k_s} \eta_i \sum_{j=1}^{n} (1 - \mu_{ij})^m$$

式中, 数据集 $A = \{a_1, \cdots, a_n\}$ 是待抽象流程模型中的行为集合; $V = \{v_1, \cdots, v_{k_s}\}$ 表示簇中心向量; d_{ij} 是 a_i 与 v_j 之间的距离; $\eta_i > 0$ 是用户定义的常量; $1 \leqslant i \leqslant k_s$; $1 \leqslant j \leqslant n$; $m > 1$, 通常设定为 2。根据文献[203]中的定理, 为了最小化 J_{PCM}, 特征值矩阵 U 和簇中心向量 V 可以迭代计算如下:

$$\mu_{ij} = \left[1 + \left(\frac{d_{ij}^2}{\eta_i} \right)^{\frac{1}{m-1}} \right]^{-1}, \quad 1 \leqslant i \leqslant k_s, 1 \leqslant j \leqslant n \tag{6.14}$$

$$v_i = \frac{\sum_{j=1}^{n} \mu_{ij}^m a_j}{\sum_{j=1}^{n} \mu_{ij}^m}, \quad 1 \leqslant i \leqslant k_s, 1 \leqslant j \leqslant n \tag{6.15}$$

Krishnapuram 和 Keller 同时提出可以通过计算以下公式选择 η_i 的值:

$$\eta_i = K \frac{\sum_{j=1}^{n} \mu_{ij}^m d_{ij}^2}{\sum_{j=1}^{n} \mu_{ij}^m} \tag{6.16}$$

式中, $K > 0$（s 最一般的选择是 $K=1$）。

2. 基于 PCM 算法计算模糊划分矩阵

利用 PCM 算法求得待抽象模型中包含的行为与簇（子流程）中心的特征值矩阵的基本步骤如算法 BPMA-PCM 所示, 其中 $A = \{a_1, \cdots, a_n\}$ 是待抽象流程模型中的行为集合, 每个行为用虚拟文档表示, 详见 6.2 节和 6.3 节。

算法 BPMA-PCM

1. 初始化，给定抽象行为（子流程）数 k_s，n 为待抽象流程模型中包含的行为数，给定模糊权数 m（一般取 2），设定迭代停止阈值 ε（一般取 0.001～0.01），设置迭代计数次数 l，$l=0$ 并初始化簇中心向量 $V^{(l)}$（生成初始簇的方法详见 6.2 节）

2. 根据 $V^{(l)}$，初始化可能性划分矩阵 $U^{(l)}$

// $\mu_{ij}^l = 1 - \text{dist}(v_i, a_j)$，详见 6.2 节和 6.3 节

3. 根据 $V^{(l)}$ 和 $U^{(l)}$，利用式（6.16）估算 $\eta_i (1 \leqslant i \leqslant k_s)$

4. 利用式（6.14），重新计算 $U^{(l+1)}$

5. 利用式（6.15），重新计算 $V^{(l+1)}$

6. 判定阈值，如果 $\|V^{(l+1)} - V^{(l)}\| \leqslant \varepsilon$，则停止迭代，转 7.，否则 $l \leftarrow l+1$，转 3.

7. 输出矩阵 U

在根据 PCM 算法计算的模糊划分矩阵 U 中，每个行为对于至少一个簇中心的特征值不为 0。根据该矩阵，可以定位所有的边缘行为以及它们可能隶属的子流程（可能不止一个）。通过将边缘行为归类到它们可能隶属的所有子流程中来列举所有结果抽象模型，进一步设计一个新的测量指标来恰当地指导边缘行为的归类，从而使得最优性地将模糊划分矩阵 U_2（式（6.13））转换为划分矩阵 U_1（式（6.12）），下面详细介绍。

6.4.3　模糊划分的硬转化

本节根据前面描述的可能性划分矩阵自动归类边缘行为。将业务语义相似性与控制流一致性的需求相结合设计一个新的评价指标，评估结果抽象模型并指导流程模糊划分的硬转化。

如前所述，硬转化的关键步骤是归类边缘行为，算法 BPMA-HardTrans 给出了硬转化的过程，其中，输入是可能性划分矩阵 U，输出是硬划分矩阵 U_{opt}。

算法 BPMA-HardTrans
输入：可能性划分矩阵 $U[k_s \times n]$（详见式（6.13）和算法 BPMA-PCM）
输出：硬划分矩阵 $U_{\text{opt}}[k \times n]$（详见式（6.10））

1. $A_1 = \varnothing$

对于每个行为 $a_j (1 \leqslant j \leqslant n)$

如果 $\max\limits_{1 \leqslant i \leqslant k_s} \mu_{ij} < \omega$

则 $[\mu_{ij}]_{1 \leqslant i \leqslant k_s} \leftarrow 0$，$A_1 \leftarrow A_1 \cup \{a_j\}$

//获取不属于任何子流程的边缘行为集合 A_1

2. $A_2 = \varnothing$

对于每个行为 $a_j \in A - A_1$

保留两个最大值 μ_{sj} 和 μ_{tj}，其他所有 $\mu_{ij}(1 \leqslant i \leqslant k_s)$ 置 0

如果 $|\mu_{sj} - \mu_{tj}| < \varepsilon$

则标记 a_j 和簇 C_s 与 C_t，$A_2 \leftarrow A_2 \cup \{a_j\}$

否则，μ_{sj} 和 μ_{tj} 中较大的置 1，另一个置 0

//ε 根据经验预先定义，其值越小，得到的边缘行为越少

//因此对于任意 $a_j \in A_2$，其中 A_2 是已标记的行为集合，假设 μ_{sj} 和 μ_{tj} 是 U 中第 j 列两个最大值，则 a_j 可以归类至簇 C_s 或者 C_t，或者不归类至两个簇的任何一个

3. 假设 $|A_2| = m$（$m \ll n$），simmax$\leftarrow 0$

根据步骤 2.，A_2 中的每个行为都有可能归类于两个不同簇中的其中之一或者不归类至两个簇的任何一个，这样将导致 3^m 个不同的硬划分

列举所有的硬划分矩阵 $U^{(l)}$（$1 \leq l \leq 3^m$），并且扩展每个矩阵使得每个行为都属于一个特定的簇。扩展后，硬划分矩阵恰好对应于一个行为聚类结果，然后对这个结果进行评估，最终生成最优的硬划分矩阵 U_{opt}。具体步骤如下

（1）$l \leftarrow 1$，simmax$\leftarrow 0$

（2）矩阵扩展

//生成满足式（6.10）中条件的硬划分矩阵，即子流程与相关联的行为

$t \leftarrow k_s$

For $j \leftarrow 1, \cdots, n$

如果 $\forall i\,(1 \leq i \leq t)\mu_{ij}^{(l)} = 0$，则 $t \leftarrow t+1$

在矩阵 $U^{(l)}$ 中加入第 t 行，使得 $\mu_{tj}^{(l)} \leftarrow 1$ 并且 $\forall j'(1 \leq j' \leq n, j' \neq j)\mu_{tj'}^{(l)} \leftarrow 0$

（3）评估 $U^{(l)}$

①根据 $U^{(l)}$，得到抽象行为（簇）集合，表示为 B（$|B| \ll n$）。构造映射关系 φ：$B \rightarrow (P(A) \setminus \varnothing)$ 确定 B 中的一个抽象行为（簇）与 A 中的行为集合的关联关系，详见第 3 章定义中的函数 aggregate

②根据文献[150]中的算法构造行为文档 BP_{PM} 和 BP_{PM_a}，时间复杂性为 $O(|B|^2)$。其中，BP_{PM_a} 对应于由 B 构成的抽象模型 PM_a，BP_{PM} 对应于由 A 构成的初始模型 PM

③Transform（BP_{PM}^*，BP_{PM}，BP_{PM_a}，φ）

//根据 BP_{PM_a} 和 φ，将 BP_{PM} 转换为 BP_{PM}^*，时间复杂性为 $O(n^2)$

④sim$\leftarrow m^3$-SIM（BP_{PM}，BP_{PM}^*）

//计算 BP_{PM} 和 BP^*_{PM} 的 m^3 相似度，时间复杂性为 $O(n^2)$，详见文献[205]

⑤如果 simmax$<$sim

则 simmax$\leftarrow$sim，$U_{opt} \leftarrow U^{(l)}$

（4）$l \leftarrow l+1$

如果 $l \leq m$

则转（2）

4. 输出 U_{opt}

在可能性划分矩阵中，从业务语义角度上，μ_{ij} 被解释为行为 a_j 对子流程 S_i 的特征值或隶属度值，该值根据 6.2 节定义的距离测量计算得到。阈值 ω 确定了特征值的下限，如果一个行为对于某个子流程的特征值小于 ω，则表示该行为属于该子流程的可能性较小。

利用真实的流程模型库，从经验上得到阈值 ω，并且同时验证了本书使用的距离测量方法的有效性。如果抽象是由人工实现，则设计者的建模习惯同时会反射在抽象运算中。一个子流程和构成该子流程的行为之间的距离应该与这个子流程与子流程外的行为之间的距离有所不同。为了验证这一点并且同时生成距离阈值，定义一个函数 belong 表示行为 a 与子流程 S 之间的包含关系：

$$\text{belong}(a,S) = \begin{cases} 1, & a \in S \\ 0, & \text{否则} \end{cases} \qquad (6.17)$$

真实的业务流程模型集合包含大量人工设计的子流程，对于这个集合中的每个模型，都运行本书的算法 BPMA-PCM，其中以所有包含在流程模型中的子流程作为初始簇参数，生成可能性划分矩阵 U，矩阵中 μ_{ij} 表示行为 a_j 对于子流程 S_i 的特征值。

根据观测量和计算结果，利用斯皮尔曼相关系数讨论 $\text{belong}(a_j, S_i)$ 值与 μ_{ij} 值（$1 \leqslant j \leqslant n$，$1 \leqslant i \leqslant m$）之间的相关性，从中发现它们的强关联性以验证提出的距离测量方法。

假设流程模型集合为 $\text{PM}=\{\text{PM}_1, \cdots, \text{PM}_m\}$，对于任意 $\text{PM}_k \in \text{PM}$，$\text{PM}_k$ 中的行为集合是 A_k，PM_k 中的子流程数为 S_k，$A_k^* \subset A_k$ 是不属于任何子流程的行为集合。根据以上生成的模糊矩阵，利用以下公式计算经验阈值 ω：

$$\omega = \min_{\text{PM}_k \in \text{PM}} \left(\min_{a_j \in A_k} \left(\max_{1 \leqslant i \leqslant S_k} \mu_{ij} \right) \right) \qquad (6.18)$$

可以基于初始模型对应的行为文档来计算抽象行为间的控制流关系[150]。抽象行为的关系反过来会映射到对应原始模型中的细节行为，从而导致流程的控制流顺序冲突。为了评估抽象结果对初始模型控制流的影响程度，引入了行为的 m^3 相似度度量[151]，该度量方法基于行为文档计算两个流程的相似度。

根据算法 BPMA-HardTrans 中的步骤 3.中的（3），可以基于硬划分矩阵构造 B 中的抽象行为和 A 中的细节行为之间的映射关系 φ。抽象行为（子流程）个数通常远小于细节行为个数，即 $|B| \ll n$。利用文献[151]中的算法，在 $O(|B|^2)$ 时间内生成抽象行为间的控制流关系，并且构造抽象模型 PM_a 对应的行为文档 BP_{PM_a}。

基于行为文档 BP_{PM_a}，可以推导出初始模型中的细节行为之间的新的关系，如算法 Transform 所示，其时间复杂度不超过 $O(n^2)$。

算法 Transform（BP^*_{PM}，BP_{PM}，BP_{PM_a}，φ）

$\text{BP}^*_{\text{PM}} \leftarrow \text{BP}_{\text{PM}}$

对于 BP_{PM_a} 中的每对行为 x 和 y，假设 $\text{BP}_{\text{PM}_a}(x,y) = R^*$

根据 φ，对于任意 $a \in \text{aggregate}(x)$ 并且 $b \in \text{aggregate}(y)$

　　　$\text{BP}^*_{\text{PM}}(a,b) \leftarrow R^*$

运行算法 Transform 生成一个新的行为文档 BP^*_{PM}。计算 BP_{PM} 和 BP^*_{PM} 的 m^3 相似度[151]，其值越大，说明抽象模型对初始模型控制流的改变越小。

6.4.4　实验验证

为了验证本书提出的方法得到的流程模型抽象结果相对于人工设计子流程的

接近程度，本节仍然对真实的业务流程模型库进行实验，并给出相应的实验结果，同时对实验设计和验证结果进行详细的描述和解释。

本节采用与 6.3 节相同的实验架构，即选择了 50 个模型作为实验对象，其中前 40 个模型与 6.2 节中 $M_1 \sim M_{40}$ 相同，$M_{41} \sim M_{50}$ 是不包含任何子流程的展开模型。所选流程模型的相关属性详见表 6.5。

1. 验证距离测量的有效性并计算 ω 经验值

为了从形式上验证本书采用的行为语义测量方法在计算模糊划分矩阵过程中的有效性，对于流程模型中的每个行为与每个子流程，评估两个值：μ_{ij} 和 belong(a_j, S_i)。选择 30 个模型（$M_1 \sim M_{30}$）运行算法 BPMA-PCM，每个模型中均已包含人工设计的子流程。将模型中的每个子流程作为初始簇中心，计算模糊划分矩阵 U，矩阵中每个 μ_{ij} 值表示行为 a_j 与簇中心 S_i 的隶属度，即行为 a_j 属于子流程 S_i 的可能性。同时记录 belong(a_j, S_i) 的观测值，该值描述了人工抽象的模式，即由建模者决定行为 a_j 是否被分配至子流程 S_i。利用斯皮尔曼相关系数验证两者的相似性，两个变量之间的强关联即可表示 μ_{ij} 值的计算方法能够很好地表达行为与子流程之间的包含关系。

对 $M_1 \sim M_{30}$ 分别求解 $\rho(\text{belong}, \mu)$ 值，如图 6.10 所示，其中显著性值 p 均小于 0.01，即所有相关值都具有统计学意义。从图中可以看出，70% 的相关值高于 0.7，只有一个值低于 0.5，所有 30 个模型的平均相关值约为 0.7，这表示两者具有较强的关联性，特别是在包含了人工决策的情况下。因此，可以说 belong 和 μ 值强关联。

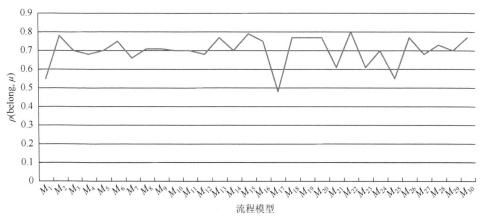

图 6.10　对 $M_1 \sim M_{30}$ 分别求解 $\rho(\text{belong}, \mu)$ 值

在验证了 μ 和 belong 之间的强关联性后，基于在 $M_1 \sim M_{30}$ 中运行算法 BPMA-PCM 得到的 30 个模糊划分矩阵，利用式（6.18）计算出 ω 的经验值作为后面硬划分算法的指导参数。

2. 评估基于模糊聚类的业务流程模型抽象

分别应用本书的方法（简称为 PCM-based-BPMA）和 k-means 行为硬聚类方法（如前所述简称为 k-means-for-BPMA，根据业务语义，计算行为和簇中心之间的距离，从而获得细节模型的子流程分解，对于初始化簇中心，则采用随机选择行为的方法）对实验流程模型库进行业务流程模型抽象，并比较这两种方法产生的抽象结果。算法的验证与 6.3 节相同，包含两部分：第一部分将包含人工设计子流程的流程模型 $M_{31} \sim M_{40}$ 转换为对应的细节展开模型，分别使用 PCM-based-BPMA 方法和 k-means-for-BPMA 方法生成簇（子流程）集合，然后比较其结果与人工设计子流程的相似度；第二部分则对模型 $M_{41} \sim M_{50}$ 运行两种方法，并将抽象结果发给参与本实验的工作人员进行人工评估和分析。

本节采用的相关指标与 6.3 节相同，这里不再赘述。

表 6.9 给出了第一部分实验的验证结果，即将初始包含人工设计子流程的流程模型 $M_{31} \sim M_{40}$ 展开成对应的细节模型，然后分别执行本书的方法 PCM-based-BPMA 和 k-means-for-BPMA 方法。为了简化，这里仅给出前面引入各个评价指标的平均值。

表 6.9　模型 $M_{31} \sim M_{40}$ 对应各个指标的平均值

指标	PCM-based-BPMA	k-means-for-BPMA	原模型
subprocesses	8.4	8.4	8.4
avg activities per subprocess	10.1	12.59	8.31
max activities per subprocess	18	34.8	15.8
min activities per subprocess	3.3	2.5	4.1
Precision	0.62	0.32	—
Recall	0.66	0.35	—
F	0.64	0.33	—
Overshoot	0.13	0.59	—
Undershoot	0.17	0.65	—

表 6.10 给出了第二部分实验的验证结果，即对不包含人工设计子流程细节模型 $M_{41} \sim M_{50}$ 分别执行上面两种方法，其中，子流程数 k 由参与的工作人员预先给定。

表 6.10　模型 $M_{41} \sim M_{50}$ 对应各个指标的平均值

指标	PCM-based-BPMA	k-means-for-BPMA	人工修正后
subprocesses	9.07	9.07	6.7
avg activities per subprocess	9.1	8.1	9

指标	PCM-based-BPMA	k-means-for-BPMA	人工修正后
max activities each subprocess	20	27	10.2
min activities per subprocess	1	1	3
Precision*	0.8	0.31	—
Recall*	0.77	0.44	—
F*	0.78	0.36	—
Overshoot*	0.06	0.4	—
Undershoot*	0.13	0.35	—

从表 6.9 和表 6.10 可以看出，本节提出的方法 PCM-based-BPMA 比硬划分方法 k-means-for-BPMA 更好地模拟了人工划分子流程的过程。在第二部分实验的评估过程中，为了强调子流程的业务语义，参与实验的相关工作人员在删除或添加行为时，仅依据单个簇而不要求考虑整个抽象流程模型的控制流。因此，发现很多修正后的子流程重用了相同的行为甚至其他子流程。但是从表 6.10 的结果看，平均 0.78 的 F 值已经可以表明本书方法生成的自动抽象结果已经很接近人工设计的子流程。

在归类行为时，考虑行为属于某个子流程的可能性，而不是像硬聚类方法那样仅仅选择最近的簇，因此，排除了那些虽然与行为距离最近，但是仍然不适合聚合的子流程，即隶属的可能性不足够大的情况。基于这种模糊划分结合受限条件的方法，可以从实验结果中看出，自动生成的子流程中包含的最大行为数得到了大大削减，更加接近于人工设计的子流程，这也表明了本书方法对分配行为到子流程的标准的一个相对有效的控制。

同时也可以发现本节方法得到的 Overshoot 和 Undershoot 的值在两个实验中都远远小于直接的 k-means 硬聚类过程，这也验证了前面中提到的边缘行为的问题。在实际的情况中，流程模型中包含一部分不属于任何人工设计子流程的行为，对本节实验的流程模型 $M_1 \sim M_{40}$ 进行了统计，发现在平均情况下，有 20%左右的行为不属于任何子流程。统计了用于运行算法的流程模型 $M_{31} \sim M_{40}$，对于本书的抽象方法，在不属于任何子流程的行为中，仅有不足 7%的行为被错误归类到了某个子流程，而硬聚类过程 k-means-for-BPMA 则将所有行为都归类至某个子流程。

6.4.5　小结

很多研究领域都提出了与本书研究的业务流程模型抽象情境相似的各种技

术，但是本书给出了一个新的流程抽象方法。本节的主要贡献在于改变了目前存在的基于行为硬聚类方法的业务流程模型抽象，提出通过计算行为与子流程之间的模糊隶属关系来发现更接近于人工标准的子流程。另外，本节用真实的流程模型库验证了所采用的行为距离测量方法的有效性，并在已有的包含人工设计子流程的流程模型库中挖掘用于计算行为模糊划分矩阵的控制参数，实验部分给出了较强的结果支持。

本节的方法也存在一些局限性和前提假设：首先，假设子流程数 k 可以通过预定义事先给出，但是实际上仅依赖于建模者的经验是很难预先准确确定该值的，从表 6.10 中可以看出，人工修正后的子流程数与预先给定的子流程数（该值由不参与修正的相关人员事先根据经验给出）不完全相等；其次，计算模糊划分矩阵采用的距离测量公式仅根据行为间的业务语义，完全没有考虑控制流的顺序，因此行为对子流程的隶属度计算结果还不够精准，存在很大改进空间；最后，计算行为间的相似性时，尽可能多地利用相关信息，但是在评估抽象结果模型时，却只考虑了控制流，而排除了其他诸如数据对象、数据流、资源等方面。

这些局限也给将来的研究提供了方向，如最直接的就是设计恰当的评价标准评估流程抽象结果进而生成最优子流程数，在下一节会简要进行讨论。另外，也可以在计算模糊划分矩阵时结合流程保序需求，重新定义新的距离测量公式，或者在硬化分阶段，结合除了控制流之外的流程其他数据设计新的评价函数，指导最优抽象模型的生成。

6.5　业务流程抽象中最优子流程数的确定

6.5.1　本节引言

根据文献[206]，现有的绝大部分聚类算法通常需要事先给定聚类数，在实际应用中，需要用户根据经验或相关领域背景知识来设定。当聚类数目未知时，如何确定数据集的聚类数目是聚类分析研究中的一项基础性难题。通常结合聚类算法和内部有效性指标，使用一种迭代的 trial-and-error 过程，通过设定不同的聚类数条件来运行聚类算法，用内部有效性指标评估多次聚类结果的质量，来确定数据集的最佳聚类数。具体方法过程如图 6.11 所示[207]。

图 6.11　数据集的最佳聚类数确定方法示意图

在图 6.11 中，最佳聚类数的确定过程：给定 k 的范围$[k_{min}, k_{max}]$，对数据集使用不同的聚类数 k 运行同一聚类算法，得到一系列聚类结果，对每个结果计算其有效性指标的值，最后比较各个指标值，对应最佳指标值的聚类数 k_i 作为最佳聚类数 k_{opt}。

本章根据业务流程模型的特征，提出了基于受限的 k-means 算法的行为聚类过程，重点从以下几个方面进行讨论。

（1）如何在业务流程模型抽象前，根据流程的结构特征，确定一个合理的 k 的上限值，达到减少循环次数的目标。

（2）如何设计合理的有效性指标，对结果抽象模型进行评估，进而生成最佳的子流程数。

（3）初始簇中心的确定问题，如何在循环中，根据 k 的变化，对簇中心进行简便的递增。

除此之外，本节还设计了一种基于贪心算法的简便的求解子流程数的方法，该方法从真实的流程库中获取距离阈值，进而指导算法运行。该方法与基于 k-means 算法求解最佳子流程数的方法相比，复杂性低，同时可以输出初始簇中心。缺点是求出的最佳子流程数与基于 k-means 算法相比，精确度较差，而且不能直接得到最佳的行为聚类结果。

6.5.2　基于受限的 *k*-means 算法确定 BPMA 中的最佳子流程数

1. 传统的 *k*-means 算法最佳聚类数确定算法

k-means 算法是以确定的聚类数 k 和选定的初始聚类中心为前提，使各样本到其所判属类别中心距离（平方）之和最小的聚类算法。在实际中，k 值是难以准确界定的。目前已经提出了一些检验聚类有效性的函数指标，主要有 Calinski-Harabasz（CH）指标、Davies-Bouldin（DB）指标、Krzanowski-Lai（KL）指标、Weighted inter-intra（Wint）指标、In-Group Proportion（IGP）指标等。人们使用这些聚类有效性指标计算合适的聚类数 k，即最佳聚类数 k_{opt}。

如前所述，确定聚类算法最佳聚类数的基本算法思想：针对具体的数据集，在确定的聚类数搜索范围内，运行聚类算法产生不同聚类数目的聚类结果，选择合适的有效性指标对聚类结果进行评估，根据评估结果确定最佳聚类数。因此，基于传统的 k-means 算法确定最佳聚类数的过程归纳如下。

---

1. 选择聚类数的搜索范围$[k_{min}, k_{max}]$，通常取 $k_{min}=2$，$k_{max} = \text{Int}(\sqrt{n})$
2. 对于 $k=k_{min} \sim k_{max}$，循环执行以下步骤
（1）随机选取 k 个初始聚类中心 Z_k

（2）运用 k-means 聚类算法，更新计算成员关系矩阵 U_k 和聚类中心 Z_k
（3）检查终止条件，若不满足，则转向（2）
（4）利用聚类结果计算有效性指标值，转向 2.
　3. 比较各有效性指标值，有效性指标值达到最优所对应的 k 即最佳聚类数 k_{opt}
　4. 输出聚类结果：类中心点 Z_{opt}、成员关系矩阵 U_{opt}、最佳聚类数 k_{opt}

2. 子流程数的搜索范围

确定聚类数的搜索范围 $[k_{min}, k_{max}]$，就是要确定 k_{min} 和 k_{max}。其中 $k_{min}=1$ 是指样本均匀分布，无明显差异，通常聚类数最小取 2，即 $k_{min}=2$，本节也将子流程数的搜索下限设为 2。

而对于怎样确定聚类数的下限，即 k_{max}，目前仍然没有明确的理论指导，很多学者认为可以使用经验规则：$k_{max} \leqslant \sqrt{n}$。文献[208]对此进行了说明，该结论是以不确定性函数 $f(x)=x^{-1}$ 为前提的，该前提不是充分条件。文献[209]对此进行了证明，其结论是以样本空间具有分形几何特征为前提推导出来的，结论不具有一般性。另外，文献[208]中所有数据集的样本数和实际类数不具有这样的性质，文献[136]、[210]中部分数据集的样本数和实际类数也不具有这样的性质。综上所述，$k_{max} \leqslant \sqrt{n}$ 仅是一种经验规则，不具有普遍性和一般性。

事实上，在对业务流程模型进行抽象时，聚类的数据集是流程的构成行为，行为之间具有语义相似性，这一点在前面是通过引入虚拟文档的概念，将每个行为转化为一个多维向量表示，满足一般数据集的样本类型。但在业务流程中，行为之间除了这种语义上的相似性之外，还在流程结构的控制流顺序上存在相互制约的关系，因此，在确定子流程数的上限值时，仅凭借上面研究中对一般数据集提出的经验规则是更加不可靠的。在本节中，充分地利用业务流程的控制流保序结构特征和子流程内行为的语义相似性特征，使得该上限值更接近于同时满足流程的语义和结构要求。

首先，通过对已经包含大量人工设计子流程的流程模型集合的统计（这里对随机抽取的 150 个模型进行分析，模型数据的来源详见本章前面章节），发现所有模型对应的 RPST，其中同一规范部件中包含的行为都属于同一子流程或者都不属于任何子流程。因此，这里给出如下假设："流程模型对应的 RPST 中规范部件属于同一子流程的概率很大。"

该假设仅从流程结构上依据经验得出了可能构成同一子流程的行为集合，而除了结构之外，还应该考虑同一子流程中的行为之间的语义是否足够相似，或者说该流程片段中的行为与流程片段中心的距离是否足够小。因此，利用 6.4 节提出的确定特征值下限的阈值 ω，即如果一个行为对于某个子流程的特征值小于 ω，则表示该行为属于该子流程的可能性较小，通过 6.4 节给出的方法，从已有的流程模型集合中获取该阈值，对于同一规范部件中的所有行为，计算每个行为与该规范部件对应的流程片段中心的相似度，若得到的所有相似度都小于 ω，则说明这些行为虽然在结构上隶属于同一个规范部件，有可能属于同一子流程，但是由于语义上不能够构成有业务意义的子流程，所以这种情况的规范部件也不计入可能的子流程数上限。

根据以上假设和分析，设计以下过程得到 k_{max} 值。

---

1. 对于待抽象的业务流程模型 PM，生成其对应的 RPST，T_{PM}

2. 循环执行以下步骤：

（1）对于 T_{PM} 中每个不包含其他行为数大于 1 的规范部件的规范部件 C，计算其中的所有构成行为与该规范部件对应的流程片段中心的相似度

（2）若第（1）步中计算的所有相似度值都大于 ω，则认为 C 有可能构成一个合理的子流程，因此 k_{max} 值累加 1，并标记 C

3. 将 T_{PM} 中所有不包含在被标记的规范部件中的单个行为个数累计入 k_{max}

4. 输出 k_{max} 作为待抽象流程模型 PM 的最佳子流程数上限

---

3. 初始簇中心的增量式确定

在本章的 6.2 节和 6.3 节中，提出了两种方法生成初始簇中心，本节继续利用这两种方法，在生成最佳子流程数的循环过程中，随着 k 值的累加，设计增量式方法实现每次初始簇的确定。

1）基于子流程结构紧密性特征的增量式初始簇确定方法

在 6.2 节介绍了基于子流程结构紧密性特征的初始簇确定方法，该方法中选取 k 个聚类中心的基本思想是取尽可能离得远的对象作为聚类中心，避免了初始选取时可能出现的初始聚类中心过于临近的情况。并且根据矩阵 $\boldsymbol{D}$，优先选择两个距离最远的行为作为初始聚类中心，而不是随机选择一个行为。具体算法描述见 6.2 节。

在求最佳子流程数的循环过程中，k 值每次累加 1，传统的 k-means 算法求最佳聚类数时采用随机方法重新生成 k 的初始簇，这里在生成新的 k 时，可以利用之前产生的初始簇集合，设所有行为集合为 A，具体描述如下。

---

1. 初始化 k//新一轮循环的聚类（子流程）个数

2. 若 $k=2$

选择 $\boldsymbol{D}$ 矩阵中最大值对应的两个行为 a^1，a^2，并且令 $S \leftarrow \{a^1, a^2\}$，$j \leftarrow 2$

3. 否则，在 $A-S$ 中选择与 S 距离最远的行为 a，$S \leftarrow S + a$

如前所述，3. 步中，通过求解如下最优化问题来确定与行为集合 S 距离最远的行为 a^j，即最优函数：$\max_{a^j \in A-S} \min_{a^i \in S} D(a^j, a^i)$。

该最优函数表示：对集合 $A-S$ 中的每一个行为 a^t（$1 \leqslant t \leqslant |A-S|$，$|A-S|$ 表

示集合 $A-S$ 中的行为个数），求出 a^i 到 S 中所有行为的最近距离 d_t，则 a^j 是与集合 S 距离最远的行为，$d_j = \max_{1 \leqslant t \leqslant |A-S|} \{d_t\}$。

2）基于 RPST 的增量式初始簇确定方法

根据 6.3 节中选择初始簇的方法，可以改进为利用已经生成的初始簇集合 $S = (S_1, \cdots, S_k)$，$k \geqslant 2$，并且在上一次选择第 k 个初始簇时，设计一个标志变量 Tag 进行标记，以便选择第 $k+1$ 个初始簇时直接进入到相应的顺序步骤，初始时 Tag=1，表示从第（1）步骤顺序选择，已有初始簇集合 $S = (S_1, \cdots, S_k)$，$k \geqslant 2$，在 $k=k+1$ 进入到下一轮选择初始簇集合时，执行以下步骤。

（1）如果 Tag=1，

对于 T 中的未被标记的规范部件 C，如果 C 由超过一个单个行为或原子部件构成，则 $S_k \leftarrow C$，标记 C；

若 RPST 中未标记部件中不存在这样的规范部件，则 Tag=2

（2）如果 Tag=2，

考虑 T 中那些仍未被选择节点的层，若该层包含叶子节点，则随机选择一个未标记叶子节点对应的行为作为种子 S_k，标记该叶子节点；

若 RPST 中不存在这样的未标记行为，则 Tag=3

（3）如果 Tag=3，

随机选择一个与已经被选节点不直接相邻的未标记行为作为种子 S_k，标记该行为；

若 RPST 中不存在这样的未标记行为，则 Tag=4

（4）如果 Tag=4，

随机选择一个未标记单个行为作为种子 S_k

---

4. 语义与结构结合的抽象流程模型评价指标

本书处理的聚类样本是业务流程模型中的行为集合，虽然本书引入虚拟文档将行为表示成多维向量的形式，但是由于行为之间还具有控制流顺序的约束关系，所以行为之间的距离只通过计算行为对应的虚拟文档距离（语义距离）是不够的，特别是对 BPMA 的行为聚类结果进行评价时，必须同时考虑到抽象结果对控制流顺序的改变程度。

在 6.4 节，设计了评价流程模型抽象结果的指标，该指标仅以抽象模型对初始模型控制流的最小改变为目标函数，没有结合子流程内部和子流程之间的语义距离信息，因此，在本节对该指标进行改进，通过在评价指标的公式中增加有关类内和类间测度的部分，平衡抽象结果对行为语义和模型控制流的影响，即使类内距离极小化而类间距离最大化的 BWP 指标[206]改进。总体的设计指标如下：

$$I^*(k) = \text{avgBWP}(k) + m^3 - \text{SIM}^k(\text{BP}_{\text{PM}}, \text{BP}_{\text{PM}}^*) \tag{6.19}$$

$$k_{\text{opt}} = \max_{k_{\min} \leqslant k \leqslant k_{\max}} I^*(k) \tag{6.20}$$

式中，$\mathrm{avgBWP}(k)$ 表示数据集聚成 k 类时的平均 BWP 指标值，BWP 指标反映了单个样本的聚类有效性情况，BWP 指标值越大，说明单个样本的聚类效果越好。文献[206]通过求某个数据集中所有样本的 BWP 指标值的平均值，来分析该数据集的聚类效果。显然，平均值越大，说明该数据集的聚类效果越好，具体计算方法详见文献[206]，其中的距离计算采用本书中的虚拟文档方法；$m^3 - \mathrm{SIM}^k(\mathrm{BP}_{\mathrm{PM}}, \mathrm{BP}_{\mathrm{PM}}^*)$ 则表示 6.4 节中提出的基于抽象结果对原模型控制流改变程度的指标，其值越大，说明抽象模型对初始模型控制流的改变越小，聚类效果越好，具体计算方法详见 6.4 节；k_{opt} 表示最佳子流程数。

5. 最佳子流程数的算法及实验结果

由此，利用提出的子流程数搜索范围确定方法、初始簇中心的增量式确定方法和新的抽象结果评价指标，结合 6.2 节和 6.3 节中设计的受限的 k-means 算法以及式（6.19）定义的抽象结果有效性指标，给出确定最佳子流程数的算法，如算法 KM-kopt 所示。

算法 KM-kopt

1. 选择聚类数的搜索范围[$k_{\min}$，$k_{\max}$]
2. For $k = k_{\min}, \cdots, k_{\max}$
（1）调用受限的 k-means 算法
//如 6.2 节和 6.3 节所示
（2）利用式（6.19）计算抽象结果的评价指标值
//计算方法详见文献[206]和本书 6.4 节
3. 利用式（6.20）计算最佳聚类数
4. 输出最佳聚类数、有效性指标值和行为聚类结果

用 6.2 节中包含丰富子流程的流程模型 $M_1 \sim M_{40}$ 进行算法的执行，其中分别利用了本书提出的两种生成初始簇的方法：6.2 节中的基于行为连接紧密性的启发式方法和 6.3 节中的基于 RPST 的方法。同时，在调用受限的 k-means 算法时，约束条件也分别采用了 6.2 节和 6.3 节设计的两种方法。

实验的过程中，受限将流程模型 $M_1 \sim M_{40}$ 生成其对应的展开模型，然后对每个模型运行算法 KM-kopt，得到最佳子流程数 k_{opt}。两种生成初始簇的方法与两种受限的 k-means 算法交替组合，运行算法 KM-kopt 得到 k_{opt} 与原始模型中的子流程数 k 对比，如表 6.11 所示，为了简化，表中只给出对 40 个模型求得的 k_{opt} 与 k 的平均值，即 k^*_{opt} 和 k^*。

表 6.11　对 $M_1 \sim M_{40}$ 运行算法 KM-kopt 求得的最佳子流程数

生成初始簇的方法 ＼ 使用的 k-means 方法	k^*_{opt}		k^*
	基于约束的 k-means 算法（6.2 节）	受限的 k-means 算法（6.3 节）	
基于行为连接紧密性（6.2 节）	6.21	6.33	7.52
基于 RPST（6.3 节）	6.78	7	

事实上，经过统计，在这 40 个模型运行算法 KM-kopt 过程中，基于 RPST 生成初始簇，并使用 6.3 节提出的改进的 k-means 算法进行行为聚类，有 80%以上的模型求得的 k_{opt} 值与原始模型中的实际子流程数之间的差距都在 2%之内。

6.5.3　基于贪心算法求解最佳子流程数

距离较近的行为更可能聚合成一个子流程，因此设计了一个以"每次选择距离最近的行为"为贪心准则指导的贪心算法，近似生成最佳子流程数。其中，在选择距离最近的行为时，以一个实现定义的阈值 ω 限制选择的行为，该阈值根据实际的流程模型库学习得到。得到最佳子流程数的方法如算法 Greedy-kopt 所示。

算法 Greedy-kopt

//根据事先指定的距离参考阈值 ω，生成待聚合行为簇的参考数 k 以及 k 个行为簇

1. A=行为集合
2. $k=0$
3. 循环直到 A 为空
4. $k=k+1$
5. 任取 $a \in A$，$C_k=\{a\}$，$A=A-\{a\}$
6. 计算 $D=\{d|d=\mathrm{dist}(b, C_k), b \in A\}$//dist 可以使用本章的距离函数
7. 取 D 中的最小距离值 $md=\mathrm{dist}(mb, C_k)$
8. 如果 $md \leqslant \omega$，则 $C_k=C_k+\{mb\}$，$A=A-\{mb\}$，转 6.
9. 否则，转 3.
10. 输出 $k, C_1, \cdots, C_k$

算法 Greedy-kopt 随机选取待抽象模型中的行为 a 作为初始簇 C_1，利用贪心选择（在剩余行为中选择与 C_1 相距最近并且距离值不大于给定的距离参考阈值 ω 的行为）不断扩充 C_1，直到所有行为都已处理；然后重复该过程，直到行为集合 A 为空。此时，生成了 k 个簇（包括由单个行为构成的簇）。

如果业务流程的抽象过程是由人工实现的，则抽象的结果中会隐含设计人员对于抽象的一些内在的标准，子流程内的行为与子流程外的行为到该子流程的距离应该存在一定差距。为了证实这种差距，并得到指导聚类算法运行的距离参考阈值，将行为 a 与行为簇 C 之间的包含关系定义为函数 diff：

$$\text{diff}(a,C) = \begin{cases} 0, & A \in C \\ 1, & \text{否则} \end{cases}$$

在这里将行为 a 和行为簇 C 表示为虚拟文档后，分别用四种方法计算行为与行为簇之间的距离。

（1）SL（single-link）

$$\text{dist}_{\text{SL}}(a,C) = \min_{\substack{b \in C \\ b \neq a}} \text{dist}(d_a, d_b)$$

（2）CL（complete-link）

$$\text{dist}_{\text{CL}}(a,C) = \max_{\substack{b \in C \\ b \neq a}} \text{dist}(d_a, d_b)$$

（3）AL（average-link）

$\text{dist}_{\text{AL}}(a,C) = \text{dist}(d_a, d_b)$，$d_b$ 表示行为簇 C 的图心文档，即

$$\boldsymbol{v}_b = \frac{1}{|C|} \sum_{\boldsymbol{v}_d \in C} \boldsymbol{v}_d$$

（4）VD（virtual-document）。

根据 6.2 节中的方法直接计算行为的虚拟文档与行为簇的虚拟文档之间的距离，即 $\text{dist}_{\text{VD}}(a,C) = 1 - \text{sim}(d_a, d_C)$，其中 d_a 和 d_C 分别表示 a 和 C 对应的虚拟文档。

显然地，四种计算行为与行为簇之间距离的过程根据行为簇表示的不同而不同，对于第一种和第二种计算行为与子流程之间距离的方法，可以将流程模型中的每个子流程 S 表示为由多个单个虚拟文档构成的集合，即 $S = \{d_1, \cdots, d_m\}$；对于第三种计算行为与子流程之间距离的方法，将每个子流程 S 对应的虚拟文档表示为 S 中所有虚拟文档的中心文档，即 $\boldsymbol{v}_S = 1/|S| \cdot \sum_{\boldsymbol{v}_d \in S} \boldsymbol{v}_d$；对于第四种计算行为与子流程之间距离的方法，将每个子流程 S 表示为 S 中所有虚拟文档的并集，如对于图 3.2 中的业务流程模型，子流程 S_3 对应的虚拟文档 d_{S_3} 如下所示：

prepare

data

quick(2)

analysis(2)

　QA data(2)

Raw data

perform

analyst(2)

根据观测量和计算结果，利用斯皮尔曼相关系数讨论 diff 值与 dist 值之间的相关

性，从中发现与 diff 值强关联的距离计算方法，并根据此方法从包含人工设计子流程的业务流程模型库中计算行为到所在子流程之间的距离阈值的可能参考范围。

设流程模型 M 为：$M = (D, S)$，其中 $D=\{d_1, \cdots, d_n\}$，d_i 表示第 i 个行为对应的虚拟文档，$S=\{S_1, \cdots, S_k\}$，$S_i \subseteq D$ 表示一个子流程。利用四种计算行为和子流程距离的方法求解对应的斯皮尔曼相关系数公式如下：

$$\rho(\text{dist}, \text{diff}) = \frac{1}{k} \sum_{j=1}^{k} \rho_j(\text{dist}, \text{diff})$$

式中，$\rho_j(\text{dist}, \text{diff}) = 1 - \dfrac{6\sum\limits_{i=1}^{n} (\text{dist}(d_i, S_j) - \text{diff}(d_i, S_j))^2}{n(n-1)}$，$\text{dist}(d_i, S_j)$ 属于 SL、CL、AL 或 VD 中的某种距离计算公式。

以图 3.2 所示的流程模型为例，dist_{AL} 值如表 6.12 所示。

表 6.12　dist_{AL} 值

子流程 dist_{AL} 行为	S_1	S_2	S_3	S_4
d_1	0.5094	1.0000	1.0000	0.5477
d_2	0.5094	0.8356	0.7500	0.6985
d_3	0.7418	0.5286	0.6938	1.0000
d_4	1.0000	0.3333	0.6250	1.0000
d_5	1.0000	0.3333	0.8750	1.0000
d_6	1.0000	0.5286	1.0000	1.0000
d_7	0.7418	0.7315	0.2814	1.0000
d_8	1.0000	0.7534	0.2250	1.0000
d_9	0.5257	1.0000	1.0000	0.5955
d_{10}	0.6349	1.0000	1.0000	0.4296

计算 $\rho(\text{dist}_{\text{AL}}, \text{diff}) = \dfrac{1}{4} \sum\limits_{j=1}^{4} \rho_j(\text{dist}, \text{diff}) = 0.9462$，由于本例行为数量较少，所以四种距离计算方法获得的 ρ 值相差不大，都表现出了强关联性。

对 6.2 节中的实验模型 $M_1 \sim M_{30}$ 中的每个流程 M，计算 M 中的每个行为与 M 中包含的所有子流程之间的 diff 值和距离 dist 值。图 6.12 中给出了 30 个实验模型的四种 dist 值（dist_{SL}，dist_{CL}，dist_{AL}，dist_{VD}）与 diff 值的关联结果，其中 $\rho(\text{dist}_{\text{AL}}, \text{diff})$ 与 $\rho(\text{dist}_{\text{VD}}, \text{diff})$ 的结果非常相似，其平均值分别为 0.7273 和 0.723（$\rho(\text{dist}_{\text{SL}}, \text{diff})$ 与 $\rho(\text{dist}_{\text{CL}}, \text{diff})$ 结果的平均值分别为 0.4377 和 0.255），这

个值的水平表示高度相关，因此，在 $dist_{AL}$ 与 diff（以及 $dist_{VD}$ 与 diff）测量值之间具有强关联性。

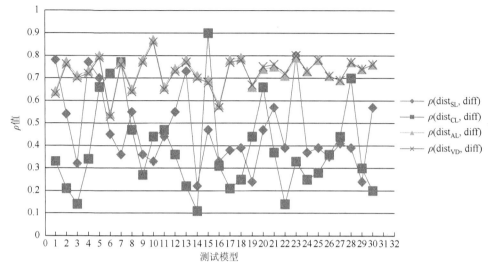

图 6.12　四个 dist 距离测量值与 diff 值的关系

实验选取 $dist_{AL}$ 作为计算行为到行为集合的距离的方法，并在模型 $M_1 \sim M_{30}$ 中，对每个行为 $a_i \in S_j (1 \leqslant i \leqslant m)$，计算 $d_i = dist_{AL}(a_i, S_j)$，分别用 $d_1, \cdots, d_m$ 的中位数、平均值、最小值和最大值作为距离参考阈值，分别记为 ω_1、ω_2、ω_3 和 ω_4，运行 GenerateK 算法生成初始 k 值，分别设为 k_1、k_2、k_3 和 k_4，与模型实际包含的子流程个数之间的值的对比情况如图 6.13 所示，其中 k_1 的最大值、最小值和平均值与实验模型库中的子流程数相差均不超过 35%（分别为 25%、33.33% 和 11.72%）。注意，由于 GenerateK 算法结果中包含由单个行为构成的簇，所以在图 6.13 的统计中，事先将这种簇从生成的 k 值中排除。

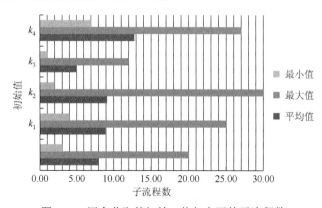

图 6.13　四个获取的初始 k 值与实际的子流程数

6.5.4　小结

　　本节主要探讨如何在进行业务流程抽象的行为聚类之前，预先生成比较合理的最佳子流程数，其中提出了基于受限 k-means 算法和贪心算法的生成最佳子流程数的算法，并进行了实验结果分析。本节方法存在的局限仍然是行为的硬聚类问题，其内容可以继续根据 6.4 节提出的模糊行为聚类方法进行改进。

参 考 文 献

[1] Soldano H. A modal view on abstract learning and reasoning. SARA，2011.

[2] Subramanian D. A theory of justified reformulations//Paul D. Change of Representation and Inductive Bias. Boston：Kluwer Academic Publishers，1990：147-167.

[3] Bredeche N，Shi Z，Zucker J D. Perceptual learning and abstraction in machine earning：An application to autonomous robotics. IEEE Transactions on Systems，Man，and Cybernetics，Part C：Applications and Reviews，2006，36（2）：172-181.

[4] Chittaro L，Ranon R. Hierarchical model-based diagnosis based on structural abstraction. Artificial Intelligence，2004，155（1-2）：147-182.

[5] Saitta L，Torasso P，Torta G. Formalizing the abstraction process in model based diagnosis//Abstraction，Reformulation，and Approximation. Berlin：Springer，2007：314-328.

[6] 王楠，欧阳丹彤，孙善武. 基于模型诊断的抽象分层过程. 计算机学报，2011，34（2）：383-394.

[7] 王楠，欧阳丹彤，孙善武.基于本体的分层抽象模型. 计算机科学，2011，38（2）：184-186.

[8] 王楠，孙善武，欧阳丹彤.基于系统中心本体的分层抽象模型. 计算机科学，2011，38（8）：189-192.

[9] Hendriks T. The impact of independent model formation on model-based service interoperability//Proceedings of 7th WSEAS International Conference on Artificial Intelligence，Knowledge Engineering and Data Bases（AIKED'08），2008.

[10] Valhouli C A. The Internet of things：Networked objects and smart devices. The Hammersmith Group Research Report，2010.

[11] Elson J，Estrin D. Sensor networks：A bridge to the physical world. Wireless Sensor Networks，2004，I：3-20.

[12] Joseph A D. Ubiquitous system software. IEEE Pervasive Computing，2004，3（3）：57-59.

[13] Boone G. Reality mining：Browsing reality with sensor networks. Sensors，2004，21（9）：14-19.

[14] Cook D J，Das S K. Smart Environments：Technologies，Protocols and Applications. New York：John Wiley & Sons，2005：101-127.

[15] Bodhuin T，Canfora G，Preziosi R，et al. Hiding complexity and heterogeneity of the physical world in smart living environments//Proceedings of the 2006 ACM Symposium on Applied Computing，New York，US，2006：1921-1927.

[16] Christensen C M. The Innovator's Dilemma：When New Technologies Cause Great Firms to Fail. Boston：Harvard Business School Press，1997.

[17] Davenport T. Process Innovation：Reengineering Work through Information Technology. Boston：Harvard Business School Press，1993.

[18] Hammer M, Champy J. Reengineering the Corporation: A Manifesto for Business Revolution. New York: HarperBusiness, 1994.

[19] Harmon P. Business Process Change, Second Edition: A Guide for Business Managers and BPM and Six Sigma Professionals. San Francisco: Morgan Kaufmann, 2007.

[20] Smith H, Fingar P. Business process management（BPM）: The third wave. The Bottom Line, 2003, 16（3）.

[21] Smith A. An inquiry into the nature and causes of the wealth of nations.Readings in Economic Sociology, 1776.

[22] van der Aalst W M P, ter Hofstede A H M, Weske M. Business process management: A survey//BPM 2003, LNCS, Springer, 2003, 2678: 1-12.

[23] Weske M. Business Process Management: Concepts, Languages, Architectures. Berlin: Springer, 2007.

[24] Fahland D, Favre C, Koehler J, et al. Analysis on demand: Instantaneous soundness checking of industrial business process models. Data and Knowledge Engineering, 2011, 70(5): 448-466.

[25] Dadam P, Kuhn K, Reichert M, et al. ADEPT: Ein integrierender ansatz zur entwicklung flexibler, zuverlassiger, kooperierender assistenzsysteme in klinischen anwendungsumgebungen//GI Jahrestagung, 1995: 677-686.

[26] Reichert M, Dadam P. ADEPTex-supporting dynamic changes of workflows without losing control. Journal of Intelligent Information Systems, 1998, 10（2）: 93-129.

[27] OMG. Business Process Modeling Notation（BPMN）Version 1.2. 2009.

[28] Keller G, Nuttgens M, Scheer A. Semantische prozessmodellierung auf der grundlage "ereignisgesteuerter prozessketten（EPK）". Technical Report Heft 89, Veroentlichungen des Institut für Wirtschaftsinformatik University of Saarland, 1992.

[29] Murata T. Petri nets: Properties, analysis and applications. Proceedings of the IEEE, 1989, 77（4）: 541-580.

[30] Petri C A. Kommunikation mit automaten. Bonn: Institut für Instrumentelle Mathematik, 1962.

[31] OMG. OMG Unified Modeling Language（OMG UML）2.3. 2010.

[32] van der Aalst W M P. Verification of workflow nets//Application and Theory of Petri Nets. Berlin: Springer, 1997: 407-426.

[33] van der Aalst W M P, van Hee K. Workflow Management: Models, Methods, and Systems. Massachusetts: MIT Press, 2002.

[34] van der Aalst W M P, ter Hofstede A H M. YAWL: Yet another workflow language. Information Systems, 2005, 30（4）: 245-275.

[35] Georgakopoulos D, Hornick M, Sheth A. An overview of workflow management: From process modeling to workflow automation infrastructure.Distributed and Parallel Databases, 1995, 3: 119-153.

[36] Leymann F, Roller D. Production Workflow: Concepts and Techniques. New Jersey: Prentice Hall, 2000.

[37] Becker J, Kugeler M, Rosemann M. Process Management: A Guide for the Design of Business Processes. Berlin: Springer, 2003.

[38] Hallerbach A，Bauer T，Reichert M. Capturing variability in business process models：The provop approach. Journal of Software Maintenance，2010，22（6-7）：519-546.

[39] La Rosa M. Managing variability in process-aware information systems. Brisbane：Queensland University of Technology，2009.

[40] Rastrepkina M. Managing variability in process models by structural decomposition//BPMN，LNBIP，Springer，2010，67：106-113.

[41] Rosemann M，van der Aalst W M P. A configurable reference modelling language. Information Systems，2007，32（1）：1-23.

[42] Uba R，Dumas M，García-Bañuelos L，et al. Clone detection in repositories of business process models//BPM 2011，LNCS，Springer，2011，6896：248-264.

[43] Dijkman R M，Dumas M，García-Bañuelos L. Graph matching algorithms for business process model similarity search//BPM 2009，LNCS，Berlin，Springer，2009：48-63.

[44] Dijkman R M，Dumas M M，van Dongen B F，et al. Similarity of business process models：Metrics and evaluation. Information Systems，2011，36（2）：498-516.

[45] Dumas M，García-Bañuelos L，Dijkman R M. Similarity search of business process models. IEEE Data Engineering Bulletin，2009，32（3）：23-28.

[46] Jin T，Wang J，Wu N，et al. Efficient and accurate retrieval of business process models through indexing//OTM 2010，LNCS，Springer，2010，6426：402-409.

[47] Kunze M，Weidlich M，Weske M. Behavioral similarity：A proper metric//BPM 2011，LNCS，Springer，2011，6896：166-181.

[48] Smirnov S. Business process model abstraction. Potsdam：University of Potsdam，2012.

[49] Becker J，Rosemann M，von Uthmann C. Guidelines of business process modeling//BPM 2000，LNCS，Springer，2000，1806：30-49.

[50] Mendling J，Reijers H A，van der Aalst W M P. Seven process modeling guidelines（7pmg）. Information and Software Technology，2010，52（2）：127-136.

[51] Smirnov S，Reijers H A，Nugteren T，et al. Business process model abstraction：Theory and practice. Technical Report 35，Hasso Plattner Institute，2010.

[52] Smirnov S，Reijers H A，Weske M H，et al. Business process model abstraction：A definition，catalog，and survey. Distributed and Parallel Databases，2012，30（1）：63-99.

[53] 孙善武，王楠，欧阳丹彤. 广义 KRA 抽象模型. 吉林大学学报（理学版），2009，47（3）：537-542.

[54] 王楠，欧阳丹彤，孙善武，等. 扩展的 G-KRA 模型. 吉林大学学报（理学版），2010，48（6）：970-974.

[55] 孙善武，王楠. 多重分层抽象模型. 吉林大学学报（理学版），2011，49（5）：918-921.

[56] 陈荣，姜云飞. 含约束的基于模型的诊断系统. 计算机学报，2001，2：127-135.

[57] Mozetič I. Hierarchical model-based diagnosis. International Journal of Man-Machine Studies，1991，35（3）：329-362.

[58] Saitta L，Zucker J D. A model of abstraction in visual perception. Applied Artificial Intelligence，2001，15：761-776.

[59] van Dalen D. Logic and Structure. Berlin：Springer，1983.

[60] Ullman J D. Principles of Database Systems. Rockville: Computer Science Press, 1983.

[61] Kolmogorov A N. Three approaches to the quantitative definition of information. Problems Information Transmission, 1965, 1: 4-7.

[62] Li M, Vitányi P.An Introduction to Kolmogorov Complexity and Its Applications. New York: Springer, 1993.

[63] Zucker J D. A grounded theory of abstraction in artificial intelligence. Philosophical Transactions of Royal Society B, 2003, 358: 1293-1309.

[64] Holte R C, Zimmer R M. A mathematical framework for studying representation//Proceedings of the Sixth International Workshop on Machine Learning, 1989: 454-456.

[65] Tenenberg J. Preserving consistency across abstraction mappings//Proc. IJCAI-87, Milan, Italy, 1987: 1011-1014.

[66] Nayak P P, Levy A Y. A semantic theory of abstraction//Proc. Fourteenth International Joint Conference on Artificial Intelligence (IJCAI-95), Montreal, Canada, 1995: 196-202.

[67] Giordana A, Saitta L. Abstraction: A general framework for learning//Working Notes of Workshop on Automated Generation of Approximations and Abstractions, Boston, MA, 1990: 245-256.

[68] Goldstone R, Barsalou L. Reuniting perception and conception. Cognition, 1998, 65: 231-262.

[69] Jablonski S, Bussler C. Workflow Management: Modeling Concepts, Architecture, and Implementation. London: International Thomson Computer Press, 1996.

[70] Schen D W C. Generalized star and mesh transformations. Philosophical Magazine and Journal of Science, 1947, 38 (7): 267-275.

[71] Chittaro L, Ranon R. Diagnosis of multiple faults with flow-based functional models: The functional diagnosis with efforts and flows approach//Reliability Engineering and System Safety, 1999: 137-150.

[72] Rosenberg R C, Karnopp D C. Introduction to Physical System Dynamics. New York: McGraw-Hill, 1983.

[73] van der Aalst W M P. The application of petri nets to workflow management.Journal of Circuits, Systems, and Computers, 1998, 8 (1): 21-66.

[74] Dijkman R M, Dumas M, Ouyang C. Semantics and analysis of business process models in BPMN. Information and Software Technology, 2008, 50 (12): 1281-1294.

[75] Smirnov S, Reijers H A, Weske M. A semantic approach for business process model abstraction//Proceedings of the CAISE 2011, Springer, 2011: 497-511.

[76] Hauser R, Friess M, Kuster J M, et al. Combining analysis of unstructured workflows with transformation to structured workflows//EDOC 2006, IEEE Computer Society, 2006: 129-140.

[77] Vanhatalo J, Volzer H, Leymann F. Faster and more focused control-flow analysis for business process models through SESE decomposition//ICSOC 2007, LNCS, Springer, 2007, 4749: 43-55.

[78] Vanhatalo J, Volzer H, Koehler J. The refined process structure tree//BPM 2008, LNCS, Milan, Italy, Springer, 2008, 5240: 100-115.

[79] Weidlich M, Polyvyanyy A, Mendling J, et al. Efficient computation of causal behavioural

profiles using structural decomposition//PetriNets 2010, LNCS, Springer, 2010, 6128: 63-83.

[80] Weidlich M, Mendling J, Weske M. Efficient consistency measurement based on behavioural profiles of process models. IEEE Transactions on Soft-ware Engineering, 2011, 37 (3): 410-429.

[81] Polyvyanyy A, Smirnov S, Weske M. Process model abstraction: A slider approach//EDOC, 2008: 325-331.

[82] Reisig W. Elements of distributed algorithms: Modeling and analysis with petri nets. Springer, 1998.

[83] Eshuis R, Grefen P. Constructing customized process views. Data and Knowledge Engineering, 2008, 64 (2): 419-438.

[84] Smirnov S, Dijkman R, Mendling J, et al. Meronymy-based aggregation of activities in business process models. Conceptual Modeling-ER 2010, Lecture Notes in Computer Science, 2010, 6412: 1-14.

[85] Barton J, Kindberg T. The challenges and opportunities of integrating the physical world and networked systems. HPL Technical Report HPL-2001-18, 2001.

[86] de Kleer J, Mackworth A K, Reiter R. Characterizing diagnosis and systems. Artificial Intelligence, 1992, 56 (2-3): 197-222.

[87] 欧阳丹彤, 姜云飞. 基于一致性的最小正常诊断及其应用. 计算机学报, 1998, 21 (6): 560-565.

[88] Saitta L, Zucker J. Abstraction and complexity measures//Proceedings of SARA, 2007: 375-390.

[89] Trætteberg H. Modeling work: Workflow and task modeling//Proceedings of the Third International Conference on Computer-Aided Design of User Interfaces II, 1999.

[90] Wang N, Sun S. Formalizing the process of hierarchical workflow abstraction modeling. Journal of Convergence Information Technology, 2011, 6 (6): 98-105.

[91] Torta G, Torasso P. A symbolic approach for component abstraction in model-based diagnosis//Proceedings of the Model-Based Diagnosis International Workshop, 2008.

[92] Wang N, Sun S. Workflow modeling process-A novel perspective. International Journal of Digital Content Technology and Its Applications, 2011, 5 (7): 455-468.

[93] Kueng P, Bichler P, Kawalek P, et al. How to compose an object-oriented business process model?//Method Engineering: Principles of Method Construction and Tool Support. New York: Springer, 1996: 94-110.

[94] Scherer E, Zölch M. Design of activities in shopfloor management: A holistic approach to organization at operational business levels in bpr projects//Re-engineering the Enterprise, Proceedings of the IFIP TC5/WG5.7 Working Conference, 1995: 261-272.

[95] Bubenko J A, Persson A, Stima J. User guide of the knowledge management approach using enterprise knowledge patterns. Technical Report, KTH, Sweden, 2001.

[96] Markovic I, Kowalkiewicz M. Linking business goals to process models in semantic business process modeling//Proceedings of the 12th IEEE International EDOC Conference, Munich, Germany, 2008.

[97] Yu E S K，Mylopoulos J. Understanding "why" in software process modeling，analysis，and design//Proceedings of the 16th International Conference on Software Engineering，1994：159-168.

[98] Soffer P，Wand Y. On the notion of soft-goals in business process modeling. BPM Journal，2005：663-679.

[99] Markovic I，Pereira A C. Towards a formal framework for reuse in business process modeling//Workshop on Advances in Semantics for Web Services(Semantics4ws)，Conjunction with BPM '07，Brisbane，Australia，2007.

[100] Kueng P，Kawalek P. Goal-based business process models：Creation and evaluation. Business Process Management Journal，1997：17-38.

[101] Ali R，Dalpiaz F，Giorgini P.A goal-based framework for contextual requirements modeling and analysis. Requirements Engineering，2010，15：439-458.

[102] Ould M. Business Processes：Modelling and Analysis for Re-engineering and Improvement. Chichester：John Wiley & Sons，1995.

[103] Cardoso E，Almeida J P A，Guizzardi R S S，et al. A method for eliciting goals for business process models based on non-functional requirements catalogues. International Journal of Information System Modeling and Design（IJISMD），2011，2（2）：1-18.

[104] Holte R C，Mkadmi T，Zimmer R M，et al. Speeding up problem-solving by abstraction：A graph oriented approach. Artificial Intelligence，1996，85：321-361.

[105] 李暾，屈婉霞，郭阳，等. 基于符号模拟和约束逻辑编程的 RTL 级 Verilog 谓词抽象方法. 计算机学报，2007，30（7）：1138-1144.

[106] Choueiry B，Iwasaki Y，McIlraith S. Towards a practical theory for reformulation for reasoning about physical systems. Artificial Intelligence，2005，162（1-2）：145-204.

[107] 张学农，姜云飞，陈蔼祥，等. 值传递诊断过程的抽象和重用. 计算机学报，2009，32（7）：1264-1279.

[108] 王楠，欧阳丹彤，孙善武. 智能世界的建模与诊断. 计算机研究与发展，2013，50（9）：1954-1962.

[109] Chittaro L，Guida G，Tasso C，et al. Functional and teleological knowledge in the multimodeling approach for reasoning about physical system：A case study in diagnosis. IEEE Transactions on Systems，Man，Cybernetics，1993，23（6）：1718-1751.

[110] Bobrik R，Reichert M，Bauer T. View-based process visualization//BPM 2007，LNCS，Brisbane，Australia，Springer，2007，4714：88-95.

[111] Polyvyanyy A，Smirnov S，Weske M. Reducing complexity of large EPCs. MobIS，LNI，2008，141：195-207.

[112] van der Aalst W M P，ter Hofstede A H M，Kiepuszewski B，et al. Workflow patterns. Distributed and Parallel Databases，2003，14：5-51.

[113] Gschwind T，Koehler J，Wong J. Applying patterns during business process modeling//BPM 2008，LNCS，Springer，2008，5240：4-19.

[114] Lau J M，Iochpe C，Thom L，et al. Discovery and analysis of activity pattern co-occurrences in business process models//ICEIS 2009，2009：83-88.

[115] Smirnov S, Weidlich M, Mendling J, et al. Action patterns in business process models//ICSOC/ServiceWave 2009, LNCS, Springer, 2009, 5900: 115-129.

[116] Smirnov S, Weidlich M, Mendling J, et al. Object-sensitive action patterns in process model repositories//Business Process Management Workshops, LNBIP, Springer, 2010, 66: 251-263.

[117] Lohrmann M, Reichert M. Effective application of process improvement patterns to business processes. Software & Systems Modeling, Springer, 10.1007/s10270-014-0443-z, 2015.

[118] Liu D, Shen M. Workflow modeling for virtual processes: An order-preserving process-view approach. Information Systems, 2003, 28 (6): 505-532.

[119] Polyvyanyy A, Smirnov S, Weske M. The triconnected abstraction of process models//BPM 2009, LNCS, Ulm, Germany, Springer, 2009, 5701: 229-244.

[120] Polyvyanyy A, Smirnov S, Weske M. On application of structural decomposition for process model abstraction//BPSC 2009, Leipzig, 2009: 110-122.

[121] Sadiq W, Orlowska M E. Analyzing process models using graph reduction techniques. Information Systems, 2000, 25 (2): 117-134.

[122] Weidlich M, Dijkman R, Mendling J. The ICoP framework-Identification of correspondences between process models. Advanced Information Systems Engineering, Lecture Notes in Computer Science, 2010, 6051: 483-498.

[123] Andrews T, Curbera F, Dholakia H, et al. Business process execution language for web services, version 1.1. Tech. Rep., Microsoft, IBM, Siebel Systems, SAP, BEA, 2003.

[124] van der Aalst W. Formalization and verification of event-driven process chains. Information and Software Technology, 1999, 41: 639-650.

[125] Leopold H, Mendling J, Reijers H A, et al. Simplifying process model abstraction: Techniques for generating model names. Information Systems, 2014, 39: 134-151.

[126] Wang N, Sun S, Liu Y, et al. Business process model abstraction based on structure and semantics. ICIC Express Letters, 2015, 2 (9): 557-563.

[127] Rutkowski L. Clustering for data mining: A data recovery approach. Psychometrika, 2007, 72 (1): 109-110.

[128] Plasse M, Niang N, Saporta G, et al. Combined use of association rules mining, and clustering methods to find relevant links between binary rare attributes in a large data set. Computational Statistics & Data Analysis, 2007, 52 (1): 596-613.

[129] Tseng V S, Kao C P. Efficiently mining gene expression data via a novel parameterless clustering method. IEEE-ACM Transactions on Ransactions on Computional Biology and Bioinformatics, 2005, 2 (4): 355-365.

[130] Li X Y, Ye N. A supervised clustering and classification algorithm for mining data with mixed variables. IEEE Transactions on Systems, Man, and Cybernetics, 2006, 36 (2): 396-406.

[131] Li M Q, Zhang L. Multinomial mixture model with feature selection for text clustering. Knowledge-Based Systems, 2008, 21 (7): 704-708.

[132] Li Y J, Luo C, Chung S M. Text clustering with feature selection by using statistical data. IEEE Transactions on Knowledge and Data Engineering, 2008, 20 (5): 641-652.

[133] Jr J H W. Hierarchical grouping to optimize an objective function. Journal of the American

Statistical Association，1963，58（301）：236-244.

[134] Macqueen J. Some methods for classification and analysis of multivariate observations //Proceedings of the Fifth Berkeley Symposium on Mathematical Statistics and Probability，1967：281-297.

[135] Kaski S，Kangas J，Kohonen T. Bibliography of self-organizing map（SOM）papers：1981-1997. Neural Computing Surveys，2002，1（3）：1-156.

[136] Frey B J，Dueck D. Clustering by passing messages between data points. Science，2007，315：972-976.

[137] Smirnov S，Reijersb H A，Weske M. From fine-grained to abstract process models-A semantic approach. Information Systems，2012，37（8）：784-797.

[138] Reijers H A，Mendling J，Dijkman R M. On the usefulness of subprocesses in business process models. BPM Center Report BPM-10-03，BPMcenter.org，2010.

[139] Schaeffer S. Graph clustering-survey. Computer Science Review，2007，1：27-64.

[140] Bobrik R，Reichert M，Bauer T. Parameterizable views for process visualization. Technical Report TR-CTIT-07-37，Centre for Telematics and Information Technology，University of Twente，Enschede，2007.

[141] Dumas M，GarcíaBantildeuelos L，Polyvyanyy A，et al. Aggregate quality of service computation for composite services. LNCS：6470，ICSOC，2010：213-227.

[142] van Dongen B，Jansen-Vullers M，Verbeek H，et al. Verification of the SAP reference models using EPC reduction，state-space analysis，and invariants. Computers in Industry，2007，58（6）：578-601.

[143] Smirnov S. Structural aspects of business process diagram abstraction//International Workshop on BPMN，Vienna，Austria，IEEE Computer Society，2009：375-382.

[144] Polyvyanyy A，Vanhatalo J，Völzer H. Simplified computation and generalization of the refined process structure tree //Proceedings of the WS-FM 2010，Lecture Notes in Computer Science，Springer，2010，6551：25-41.

[145] Johnson R，Pearson D，Pingali K. The program structure tree：Computing control regions in linear time//ACM SIGPLAN PLDI 1994，PLDI，ACM Press，1994：171-185.

[146] Reijers H，Mendling J. Modularity in process models：Review and effects. Business Process Management Lecture Notes in Computer Science，2008，5240：20-35.

[147] Kolb J，Reichert M. A flexible approach for abstracting and personalizing large business process models. ACM SIGAPP Applied Computing Review，2013，13（1）：6-18.

[148] Mafazi S，Mayer W，Grossmann G，et al. A knowledge-based approach to the configuration of business process model abstractions//Knowledge-intensive Business Processes，2012.

[149] Derguech W，Bhiri S. Business process model overview：Determining the capability of a process model using ontologies. Business Information Systems，Poznan，Poland，2013.

[150] Smirnov S，Weidlich M，Mendling J. Business process model abstraction based on behavioral profiles. Service-Oriented Computing Lecture Notes in Computer Science，2010，6470：1-16.

[151] Smirnov S，Weidlich M，Mendling J. Business process model abstraction based on synthesis

from well-structured behavioral profiles. International Journal of Cooperative Information Systems，2012，21（1）：55-83.

[152] 周志华. 半监督学习专刊前言. 软件学报，2008，19（11）：2789-2790.

[153] 高滢，刘大有，齐红，等. 一种半监督置均值多关系数据聚类算法. 软件学报，2008，19（11）：2814-2821.

[154] Zhong S. Semi-supervised model based document clustering：A comparative study. Machine Learning，2006，65（1）：3-29.

[155] Wagstaff K，Cardie C，Rogers S，et al. Constrained K-means clustering with background knowledge//Proceedings of International Conference on Machine Learning，San Francisco，USA，2001.

[156] Huang D S，Pan W. Incorporating biological knowledge into distance-based clustering analysis of micro array gene expression data. Bioinformatics，2006，22（10）：1259-1268.

[157] Huang R Z，Lam W. An active learning framework for semi-supervised document clustering with language modeling. Data &Knowledge Engineering，2008，68（1）：49-67.

[158] Chang H，Yeung D Y. Locally linear metric adaptation with application to semi-supervised clustering and image retrieval. Pattern Recognition，2006，39（7）：1253-1264.

[159] Guan R，Sh X H，Marchese M，et al. Text clustering with seeds affinity propagation. IEEE Transactions on Knowledge and Data Engineering，2010.

[160] 赵卫中，马慧芳，李志清，等. 一种结合主动学习的半监督文档聚类算法. 软件学报，2012，23（6）：1486-1499.

[161] 管仁初，裴志利，时小虎，等. 权吸引子传播算法及其在文本聚类中的应用. 计算机研究与发展，2010，47（10）：1733-1740.

[162] Basu S，Banerjee A，Mooney R J. Semi-supervised clustering by seeding//Proceedings of International Conference on Machine Learning，Sydney，Australia，2002.

[163] Klein D，Kamvar S D，Manning C. From instance-level constraints to space-level constraints：Making the most of prior knowledge in data clustering//Proceedings of International Conference on Machine Learning，Sydney，Australia，2002.

[164] 王玲，薄列峰，焦李成. 密度敏感的半监督谱聚类. 软件学报，2007，18（10）：2412-2422.

[165] Liu Y，Zhang B，Wang L，et al. A self-trained semisupervised SVM approach to the remote sensing land cover classification. Computer and Geosciences，2013，9（56）：98-107.

[166] Francescomarino D C，Marchetto A，Tonella P. Cluster-based modularization of processes recovered from web applications. Journal of Software Maintenance and Evolution：Research and Practice，2010.

[167] Anugrah I G，Sarno R，Anggraini R N E. Decomposition using refined process structure tree（RPST）and control flow complexity metrics. 2015 International Conference on Information & Communication Technology and Systems（ICTS），Surabaya，2015：203-208.

[168] Qu Y，Hu W，Cheng G. Constructing virtual documents for ontology matching//WWW，ACM，2006：23-31.

[169] Beliakov G，King M. Density based fuzzy c-means clustering of non-convex patterns. European Jounal of Operational Research，2006，173（3）：717-728.

[170] Porter M F. An algorithm for suffix stripping.Program，1980，14（3）：130-137.

[171] Euzenat J，Shvaiko P. Ontology Matching. Berlin：Springer，2007.

[172] Günther C，van der Aalst W M P. Fuzzy mining：Adaptive process simplification based on multi-perspective metrics//International Conference on Business Process Management，Brisbane，Australia，Lecture Notes in Computer Science，Springer-Verlag，2007，4714：328-343.

[173] Salton G，Wong A，Yang C S. A vector space model for automatic indexing. Communications of the ACM，1975，18（11）：613-620.

[174] Gao Y，Liu D Y，Qi H. Semi-supervised k-means clustering algorithm for multi-type relational data. Journal of Software，2008，19（11）：2814-2821.

[175] Wagstaff K，Cardie C. Clustering with instance-level constraints//ICML '00 Proceedings of the Seventeenth International Conference on Machine Learning，2000：1103-1110.

[176] Demiriz A，Bennett K P，Embrechts M J. Semi-supervised clustering using genetic algorithms//Proceedings of the Artificial Neural Networks in Engineering Conference，1999：809-814.

[177] Bilenko M，Basu S，Mooney R J. Integrating constraints and metric learning in semi-supervised clustering//Proceedings of the Twenty-first International Conference on Machine Learning，2004：81-88.

[178] Basu S，Bilenko M，Mooney R J. A probabilistic framework for semi-supervised clustering//Proceedings of the Tenth ACM SIGKDD International Conference on Knowledge Discovery and Data Mining，2004：59-68.

[179] Ruiz C，Spiliopoulou M，Menasalvas E. C-DBSCAN：Density-based clustering with constraints//Proceedings of the Rough Sets，Fuzzy Sets，Data Mining and Granular Computing Lecture Notes in Computer Science，2001，4482：216-223.

[180] Gaynor S，Bair E. Identification of biologically relevant subtypes via preweighted sparse clustering.ArXiv preprint arXiv：1304.3760，2013.

[181] Kamvar S D，Klein D，Manning C D. Spectral learning//Proceedings of the 18th International Joint Conference on Artificial Intelligence，2003：561-566.

[182] Xu Q J，Desjardins M，Wagstaf K. Constrained spectral clustering under a local proximity structure assumption//Proceedings of the Eighteenth International Florida Artificial Intelligence Research Society Conference，Clearwater Beach，Florida，USA，2005：866-867.

[183] Wang L，Bo L F，Jiao L C. Density-sensitive semi-supervised spectral clustering. Journal of Software，2007，18（10）：2412-2422.

[184] Xing E P，Ng A Y，Jordan M I，et al. Distance metric learning with application to clustering with side-information. Advances in Neural Information Processing Systems，2003，15：505-512.

[185] Schultz M，Joachims T. Learning a distance metric from relative comparisons. Advances in Neural Information Processing Systems，2003，16：40-47.

[186] Bar-Hillel A，Hertz T，Shental N. Learning distance functions using equivalence relations//Proceedings of the Twentieth International Conference on Machine Learning，2003：11-18.

[187] Tang W，Xiong H，Zhong S，et al. Enhancing semi-supervised clustering：A feature projection

perspective//Proceedings of the Thirteenth International Conference on Knowledge Discovery and Data Mining，2007：707-716.

[188] Hastie T，Tibshirani R，Friedman J H. The Elements of Statistical Learning：Data Mining，Inference，and Prediction（2nd edition）. Berlin：Springer Series in Statistics，2009.

[189] Cohn D，Caruana R，McCallum A. Semi-supervised clustering with user feedback//Basu S，Davidson I，Wagstaff K. Constrained Clustering：Advances in Algorithms，Theory，and Applications. Florida：CRC Press，2009：17-31.

[190] Yin X，Chen S，Hu E，et al. Semi-supervised clustering with metric learning：An adaptive kernel method. Pattern Recognition，2010，43（4）：1320-1333.

[191] Sharp A，McDermott P. Workflow modeling：Tools for process improvement and applications development. London：Artech House Publishers，2008.

[192] Mendling J，Verbeek H，van Dongen B F，et al. Detection and prediction of errors in EPCs of the SAP reference model. Data and Knowledge Engineering，2008，64（1）：312-329.

[193] van der Aalst W M P，Basten T. Life-cycle inheritance：A petri-net-based approach//Proceedings of the 18th International Conference on Application and Theory of Petri Nets，Lecture Notes in Computer Science，Springer，1997，1248：62-81.

[194] Hepp M，Leymann F，Domingue J，et al. Semantic business process management：A vision towards using semantic web services for business process management//IEEE International Conference on e-Business Engineering（ICEBE'05），Beijing，China，IEEE Computer Society，2005：535-540.

[195] Casati F，Shan M C. Semantic analysis of business process executions//Proceedings of the 8th International Conference on Extending Database Technology：Advances in Database Technology，Springer，2002：287-296.

[196] de Medeiros A K A，van der Aalst W M P，Pedrinaci C. Semantic process mining tools：Core building blocks//Proceedings of the 16th European Conference on Information Systems，Galway，Ireland，2008：475-478.

[197] van der Aalst W，Weijters A，Maruster L. Workflow mining：Discovering process models from event logs. IEEE Trans. Knowl. Data Eng.，2004，16（9）：1128-1142.

[198] Bose R P J C，van der Aalst W M P. Abstractions in process mining：A taxonomy of patterns//Proceedings of the 7th International Conference on Business Process Management，Lecture Notes in Computer Science，Springer-Verlag，2009，5701：159-175.

[199] Li J，Bose R P J C，van der Aalst W M P. Mining context-dependent and interactive business process maps using execution patterns. Lecture Notes in Business Information Processing，2010，66：109-121.

[200] Bose R P J C，Verbeek E H M W，van der Aalst W M P. Discovering hierarchical process models using ProM//Nurcan S. IS Olympics：Information Systems in a Diverse World. Berlin：Springer，2012：33-48.

[201] Günther C W，van der Aalst W M P. Mining activity clusters from low-level event logs. BETA Working Paper Series，2006.

[202] Kolb J，Reichert M. Data flow abstractions and adaptations through updatable process

views//Proceedings of 28th ACM Symposium on Applied Computing，2013： 1447-1453.

[203] Krishnapuram R，Keller J. A possibilistic approach to clustering. IEEE Trans. Fuzzy Syst.，
1993，1（2）：98-110.

[204] Bezdek J C. Pattern Recognition with Fuzzy Objective Function Algorithms. New York：
Plenum Press，1981：203-239.

[205] Shirakawa S，Kumagami M，Kudo T，et al. m3-A behavioral similarity metric for business
processes.Central-european Workshop on Services & Their Composition ，2011，32（1358）：
89-95.

[206] 周世兵. 聚类分析中的最佳聚类数确定方法研究及应用. 无锡：江南大学，2011.

[207] 陈黎飞. 高维数据的聚类方法研究与应用. 厦门：厦门大学，2008.

[208] Frey B J，Dueck D. Response to comment on "clustering by passing messages between data
points". Science，2008，319（5864）：726d.

[209] 杨善林，李永森，胡笑旋，等. K-means 算法中的 k 值优化问题研究. 系统工程理论与实
践，2006，26（2）：97-101.

[210] Brusco M J，Köhn H. Comment on "clustering by passing messages between data points".
Science，2008，319（5864）：726c.

致　谢

　　本书由吉林财经大学资助出版，同时，本书的研究工作得到国家自然科学基金（61402193）、吉林省教育厅"十二五/十三五"科学技术研究项目（2014160、2016105）、吉林省教育科学"十二五"规划课题（GH150285）、吉林省科技发展计划项目（20130522177JH）资助。